曹敬 著

精力管理

教你 24 小時頭腦清晰的
高效工作法

萬里機構

序言

翻開各式各樣的成功學與心理學書籍，我們都不免看到有關時間管理的內容。畢竟，工作和生活中繁雜的事物加在一起，着實是對「一天 24 小時」的重大考驗，誰都希望能在有限的時間內，高效地完成既定任務，再給自己和家人留一點閒暇，以此來享受生活。

憧憬總是美好的，初衷也總是積極的，可事實總是喜歡給人「潑冷水」。很多時候，我們制訂了完善的工作計劃，列出了清晰有序的任務清單，窮盡心力地把事務進行有序的安排，並嚴格要求自己成為一個自律達人，卻還是沒有辦法完美地完成所有事情，或是在堅持自律一段時間後陷入筋疲力盡，與當初預想的結果大相徑庭。

為甚麼出現這樣的情況？明明已經做了時間管理，明明也有清晰的目標與清單，怎麼別人口中稱讚不絕的方法，到了自己全都失效呢？問題出在哪兒？有沒有辦法改善這種令人焦慮又疲憊的狀態？

這本書慢慢為你揭曉答案，並告訴你解決之道。

原來很多人在平衡工作與生活、追求高效能的時候，都把關注點放在「時間夠不夠用」之上，卻忽略了一個關鍵問題——精力。一天的時間只有 24 小時，這是無法改變的事實，但我們的精力儲備和品質卻沒有定數。就算列出的任務清單和時間安排沒有問題，但誰能保證每天的每時刻都有相同的狀態呢？在同樣的時間之內，積極地面對生活、專注地投入工作，與悲觀地看待世事、精神渙散地做事，過的完全是「兩種人生」。

　　所以說，實現高效的基礎不是時間，而是精力。假如精力跟不上，就算時間安排得很合理，也沒辦法合理高效地運用它。更何況，生活中充滿了變故，不是任何事能按照我們的意願發展，遇到棘手的問題、難處理的關係也是常態，在這樣的狀況下，誰能夠管理好自己的精力，擁有充沛的體力、飽滿的精神狀態，誰能夠精神集中、全情投入地做好該做的事，誰就能更加積極有效地解決問題。

　　值得慶幸的是，精力好並非天生，可以後天學習。這本實用的精力管理手冊，幫助讀者建立全新的認知，了解精力管理背後的科學原理，從生活習慣、飲食方式、情緒管理、改變思維及習慣養成等方面打造充沛的精力，讓大家深刻地認識精力管理的重要性，並學會如何及時地補充精力，減少不必要的消耗，遠離精力透支。

　　最後，真心地希望閱讀此書的朋友，可以將學習的精力管理的知識身體力行，讓生活發生看得見的積極改變。同時，無論在人生的高峰還是低谷，或是平平常常的日子，都能夠找到自身的價值感和生活的意義感。

目錄

Chapter/07 **生活課**

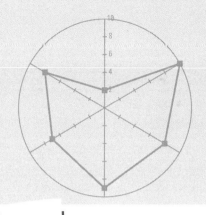

Chapter/01

認知課

精英們的自律，
習慣多於自控力

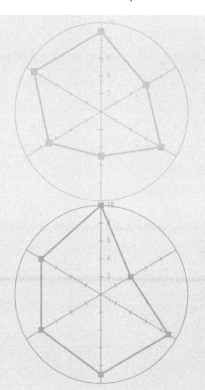

為甚麼嚴格的自律會讓人疲憊不堪？

壓制欲望來實現的自律，早晚崩潰！

　　記不清從甚麼時候開始，「自律」這兩個字開始在網絡上「走紅」。

　　你應該也看過不少這樣的文章或標題 ──「你不知道自律以後的人生有多爽」、「所有優秀的背後，都是苦行僧般的自律」……不可否認，自律是一項十分重要的能力，很多人因為自律實現了目標，並享受到自律帶來的人生蛻變。

　　網絡上經常報道有些藝人是多麼自律，十幾年如一日地堅持早起運動，無論是旅行還是工作，無論晴雨或寒暑，無論多晚收工都保持運動。當他們以陽光的形象出現在眾人面前時，許多人忍不住感歎：「最怕比你優秀的人，比你更自律。」

　　似乎，一切的不理想，都是因為不夠自律；彷彿，只要足夠自律，一切都能煥然一新。於是，很多人開始信奉「自律＝成功」的公式，並嚴格要求自己，踏上了高度自律的征途。

早起	運動	學習	飲食
早上 4 時半起床，大好的時光不能用來睡覺！	有氧＋無氧＝ 2 小時，你的身體裏藏着你的自律！	不斷提升自我，每週讀完兩本書，週末參加培訓課！	吃清淡的食物，少油少鹽少主食，戒掉零食和飲料！

工作	切斷網絡	早睡
專注 8 小時，不能偷懶、走神，成為高效能人士！	不用交友網站、卸載遊戲軟體、非必要聊天少於三句！	戒掉熬夜的陋習，晚上 11 時前必須上床睡覺！

類似這樣的清單，不知道被多少人記在筆記本上，他們嘗試各種時間管理、自我管理的方法，恨不得每一分鐘都不放過，就連上下班在路上的時間，都用來思考問題或琢磨工作計劃。倘若能夠按部就班地執行，會覺得心滿意足，認為自己是個很有行動力的人；一旦哪裏出了紕漏，未能完成既定的安排，就會焦慮不安，否定自己。

看起來已經朝着勵志故事大綱發展了，但這樣的日子能持續多久呢？

高度自律致抑鬱

朋友小 Q 年初時信誓旦旦地列出詳細的清單，規定從某天開始實踐高度自律的人生。起初，小 Q 執行得還不錯，儘管覺得有些不適應和疲倦，可還是堅持了下來，她說：「要給自己一點時間，慢慢適應新的節奏。」

但事實並不如小 Q 預期得那般理想，按照高度自律的節奏「死扛」了一個月後，小 Q 的精神狀態和生活品質不僅沒有提高的跡象，反而朝着相反的軌道前行。她的精神變得很差，早上不想起床，晚上睡不着；無論餓不餓，糖油混合物不停地往嘴裏送，似乎在彌補過去一個月對身體的虧欠。她很難集中精力工作，也不想跟同事説話，甚至不想見人。

得知小 Q 出現了這樣的症狀後，我找了一位專業的心理導師替她做了幾份心理測試，結果顯示 —— 小 Q 已出現了抑鬱情緒。原本希望開啟自律人生，成為高效能人士，最後卻把自己逼到崩潰的境地，這就是不講章法的自律導致的悲劇。

沒有壓力的自律，人生才燦爛

我們不難發現，像小 Q 這樣的時間管理與自律，在很大程度上是通過壓抑欲望來實現的，即藉助各種方法和工具，與欲望、誘惑、娛樂、資訊作鬥爭，在使盡全身解數戰勝它們之後，會覺得自己很了不起，並更加堅信「人生最大的敵人就是自己」，然後變本加厲地壓抑欲望，強迫自己把更多的時間和精力專注在清單的事項上。結果，他們的生活只剩下「任務」，每一項「任務」都很重要，也伴隨着壓力。為了完成這些「任務」，只能不斷地給自己發動，精神上的弦愈繃愈緊，直到無力承受的一刻，徹底崩潰！

如果你在自律的路上感到艱辛，不妨先讓自己停下來。畢竟，沉浸在煎熬與強迫的狀態中是很難走遠。人生的路那麼長，我相信每一個對自己有要求、對生活有追求的人，都不希望做事「三分鐘熱度」，而是更期待自己可以幾十年如一日地、精力充沛地走在提升自我的路上，不必拖着疲倦、咬着牙硬撐。

我們仔細查看一下網上盛傳某著名大學學霸的日程表，發現一個共同特性 —— 儘管他們的日程排得滿滿，但幾乎每人每天的日程都有一項「休閒項目」，如聽歌、看劇、跟室友聊天、喝下午茶、健步走等。他們並未把所有的時間都用來學習和工作，也沒有壓抑自己對娛樂的欲望，卻在張弛有度中實現自我管理和高效能。所以，自律需要正確的方式來打開，否則迎來的很可能不是燦爛的人生，而是崩潰的生活。

精英的自律，是靠甚麼堅持下來的？

02 低級的自律靠強迫，高級的自律靠習慣

自律本身沒有錯，錯的是實踐自律的方法。

怎樣做才是自律的正確打開方式呢？

我們都知道，遊戲裏有段位元等級之分，其實自律也一樣。用甚麼樣的方式實踐自律，直接決定着自律的效果與持久度，更決定着人與人之間的差距。

低級自律靠強迫，通過壓抑欲望來實現

完全通過壓抑欲望來實現的，這種自律屬於低級自律。要知道，所有被壓抑的欲望，遲早會有反彈或爆發的一天。

讀大學時，班裏有個來自某市的男同學，他以高考狀元身份考入學校。在高中階段，他一心想考進理想的大學，而所在地區的高考錄取分數線很高，第一次高考失利後，他重讀了一年，全身心投入備考中，放棄了娛樂與休息的時間。最後，如願以償被第一志願錄取。可是，這位對學習相當有毅力的男生，在畢業之際，竟然連畢業證和學位證都沒有拿到。原來，考入大學後，由於沒有升學的壓力，他很難全情地投入學習中。後來，有同學教他玩網絡遊戲，由於之前壓抑了所有娛樂活動，他一下子迷上了電玩遊戲體驗，幾乎把所有時間和精力都放在打遊戲上，以致耽誤學業。

中級自律靠意願，調動強大的意志力

中級自律是指自己心甘情願，但需要極強的意志力及特定的條件才能實現。

《我在底層的生活》（*Nickel and Dimed: On (not) Getting by in America*）是一本既辛酸又有趣的「臥底」紀實作品，也是探討「窮忙族」生存困境的經典著作。為了尋找底層貧窮的真相，作者隱藏自己的身份和地位，潛入美國的底層社會，體驗低薪階層如何掙扎求生。

為了研究這個課題，女作者不得不承受生活的巨變。她不再是上層社會的女精英，而是化身為底層勞工，給自己制定嚴苛的執行標準，在衣食住行各方面作了相應的調整。她輾轉於不同的城市工作，當過服務員、清潔女工、看護助手、超市售貨員等，她每天強打着精神為生活奔波，佯裝笑臉應對挑剔難纏的客戶……在這樣的處境之下，她發現自己很難保持自律，因為大部分的意志力都被掏空。不僅如此，她還染上了煙癮，脾氣也變得暴躁，就連吃飯也是隨意糊弄。

在這樣情境之下，自律需要克制很多東西，就像跟心裏的怪獸打架——心情好、精力旺盛時，咬緊牙就能打敗那隻怪獸。可惜，這樣的戰鬥值不是時刻都有，倘若非要咬着牙硬打下去，過不了多久就疲憊不堪。這也是為甚麼很多人主觀上很想戒煙、很想減肥，卻往往只能自律一時，沒辦法自律一生。

高級自律毋須自律，一切都是習慣使然

陳小姐無論春秋冬夏，每天都能在早晨 6 時起床，完成 5 公里慢跑；無論多麼好吃的飯菜，只吃七分飽……不知情者會感歎她如此自律，但在她看來這卻是很平常的事，根本不必刻意要求自己做甚麼，只要到了那個時間，就自動地做該做的事。

　　有研究機構的實驗表明，人類行為只有 5% 受自我意識支配。換言之，我們的行為有 95% 是自動反應，或對於某種需求、緊急狀況的應激反應。當一件看似艱難的事情，變成儀式習慣後，做起來就是自然而然。就像很少有人早上起來會為了「刷不刷牙」的問題糾結，因為刷牙已經成了一種習慣。所以說，<u>高級的自律是毋須自律，一切都是習慣使然。</u>

積極的精力儀式習慣有三個重要意義

❶ 確保精力有效地投入在當下的任務，不會被其他事物分散。

❷ 減少行為對主觀意願與自律的依賴，讓執行變得簡單，不會讓大腦產生過多的負面情緒，在糾結「做與不做」上耗費精力。

❸ 將價值觀與目標感有效地轉化為行動。對很多人來說，行動和價值觀之間還有很長的距離，即使意識到這件事很重要，可在真正實行時，卻並沒有在行動和選擇上體現自己的價值觀，例如經常說以後一定堅持自己做早餐，卻總是懶得起床準備。

　　看到這裏，希望熱愛生活、追求美好的人，能夠對自律有一個全新的認識。想做好一件事，實現一個目標，不要選擇違背本能、約束克制的方式，把自己搞得精疲力竭；要學會追求高級的自律，把想要達成的目標養成一種習慣，成為一件輕而易舉就能完成的事，到最後它們就會變成我們的日常習慣，陪伴我們一生。

為甚麼習慣的力量，遠遠勝過意志力？

自控會消耗精力儲備，習慣是自發的行為

為甚麼儀式習慣的力量，遠勝意志力呢？我們不妨先來看一個實驗。

研究人員選了一些有飢餓感的受試者，分成兩組，在他們面前擺放兩盤食物，一盤是香甜可口的巧克力餅乾，另一盤是紅蘿蔔。研究人員告訴第一組受試者，可以隨心所欲地吃面前的食物；第二組受試者則被要求，不能吃巧克力餅乾，只能吃紅蘿蔔。

實驗開始後，第一組受試者拿起餅乾吃起來；第二組受試者卻面帶苦相，望着眼前美味的餅乾不能碰，簡直是一種煎熬。研究人員透過監控發現，第二組有一位受試者，拿起餅乾聞了一會，又戀戀不捨地放回去。這證明第二組受試者調動了意志力，而第一組受試者卻沒有這樣的感覺，他們顯得輕鬆而愉悅。

15 分鐘後，研究人員給兩組受試者出了相同的謎題，題目完全需要依靠意志力堅持做下去。研究人員發現，可以吃餅乾的第一組受試者，在謎題任務中平均堅持了 16 分鐘；而第二組受試者平均只堅持 8 分鐘。

這個實驗說明了甚麼？

主動性與自律同樣需要調動意志力，但意志力遠比我們想像的更稀缺，我們必須選擇性地取用。即使是很小的自控行為，都會消耗我們的精力儲備，這次主動運用精力，意味着下次可取用的精力在減少。

所以，不管是抵抗美食的誘惑，還是強制性地完成運動計劃，或是咬牙堅持一項困難的任務，都會消耗我們容易枯竭的精力儲備。對我們而言，每天只有很少的一部分精力用於自控。因此，美國卡耐基梅隆大學（Carnegie Mellon University）社會與決策科學系的專家，對於人們喜歡在年初立下目標的問題如是說：「如果想把新年第一天立下的決心堅持到底，依靠意志力是沒用的。只要有毅力和決心就能排除萬難、抵禦所有誘惑的想法，根本站不住腳。」

習慣形成長期的自律行為

　　從心理學的角度來說，意志力可能代表着大腦中用來處理緊急狀況或意外狀況的一部分；而運動、減肥、戒煙、戒酒等問題，涉及大腦的另一部分，即習慣系統，此系統發展十分緩慢，它在各種技能的學習中發揮作用，如騎單車、開車、游泳。最初，我們一點一點地學，慢慢掌握難度更大的技巧，最後達到相當熟練的程度，根本不需要思考該怎麼做，因此才存在對煙酒的成癮性癡迷。成癮，就是對習慣系統的「劫持」，戒煙或節食才會變得如此困難。

　　想要依靠意志力長久地堅持一項任務，或是改掉不好的習慣，就像試圖用水槍射穿牆壁一樣徒勞。與之相比，更加有效的辦法是——循序漸進地樹立能夠成功實現的目標，用積極的儀式習慣替代壞習慣。當積極的儀式習慣形成後，我們不用再花費太多的意志精力去維持它，這樣精力消耗與更新就能夠達到有效平衡，從而通過儀式習慣的作用形成長期的自律行為。

怎樣才能讓自己養成有效的儀式習慣？

04 養成儀式習慣須掌握 六個核心要點

現在我們已知道，想要長期堅持一件事，或改掉一個壞習慣，憑藉意志力是不太可行的。畢竟，我們精力帳戶的儲備有限，每一次的自控都要花費思考成本，造成能量消耗。那些我們長久以來在做的事情，大都依靠儀式習慣堅持下來的。因為習慣可以讓大腦形成依賴，幫助我們創造屬於自己的穩定框架，將邏輯等其他一切排除在外，留出精力與再生時間。

為了避免被有限的個人意願和自律性束縛手腳，我們要養成有效的精力管理儀式習慣。這不是一件容易的事，需要依靠多種因素，我們簡單地介紹核心要點。

核心要點 1：先行後思

一直以來，為了秉承嚴謹的態度，我們在做事時都力求「三思而後行」。然而，哲學家懷特海（Alfred North Whitehead）卻尖銳地提出：「我們不該培養先思後行的習慣，反過來才是正確的。只有人們不假思索能做出的行為越來越多，文明才得以進化。」

對此，我個人的看法是：如果要做一項重要決策，三思後行是很有必要的，以降低衝動或大意導致的失誤；但如果是要養成一項儀式習慣，先行後思是可取的方法。

在尚未形成習慣之前，在做一件事情時，大腦往往需要反覆思考，消耗大量的意志精力後，才能做成一件事。如果我們省去

這個過程直接去做，最終將其變成一種自發模式，就不必調動意志力完成它了。所以，<u>我們要認清一個事實 —— 把一件事情做到「不用思考糾結就能去做」，是養成儀式習慣的重要前提。</u>

核心要點 2：塑造身份

意識到「做」比「想」更重要以後，很多人開始為自己制定習慣養成計劃。然而，在做計劃時，有些人高估了自己的行動力，忽視了精力曲線，陷入另一個誤區。例如有位程式設計師朋友，每天 12 個小時忙於工作，下班後還給自己制定一個寫作 2 小時的計劃，毫無疑問他這個計劃失敗，因為他根本不是在養成習慣，而是在自我施虐。

<u>習慣養成的計劃，應當循序漸進</u>，因為誰也無法保證自己每一天的精力、每一次執行計劃的狀態都一樣。就拿「每天跑 5 公里」為例，理想的狀態是無論春夏秋冬、風雨之日都要完成，但實際的情況卻是 —— 第一天就失敗了，因為體能不足；或是跑了 10 天，腿受不了而放棄。

正確的計劃應是 —— 第一週每天跑 3 公里；第二週每天跑 4 公里；第三週每天跑 5 公里，讓自己體會到「在進步」的感覺，減少畏難情緒，身體也能承受。就算有一天沒能完成既定計劃，但只要我們去跑了就值得肯定。因為<u>在習慣養成之初，塑造身份的轉變，比把注意力集中在想要達到的目標上更加重要。</u>

塑造身份是詹姆斯·克利爾（James Clear）在《原子習慣》（Atomic Habits）中提出概念，他說：「真正行為上的改變是身份的改變。你可能會出於某種動機而培養一種習慣，但讓你長期保持這種習慣的唯一原因是它已經與你的身份融為一體。」換句話說，當我們開始把自己想成為的那個人時，我們會更有動力採取行動，而養成新的習慣。

以戒煙為例，當有人把一根煙遞來時，不要說：「謝謝，我正在戒煙。」而是告訴對方：「謝謝，我不抽煙。」這就是塑造

身份的轉變，我是一個不吸煙的人，自然不會吸煙了。

核心要點 3：精準規劃

　　精準規劃是養成好儀式習慣必不可少的一環，如果只告訴自己「我要養成跑步的習慣，成為一個注重健康的人」、「我每個週末預留 2 小時，給孩子高品質的陪伴」，而沒有將實踐和行為精準化、具體化，在很大程度上降低成功的可能性，不少論據充足的研究也證實了這點。

1. 研究人員要求參與者撰寫一篇平安夜的規劃報告，並在 48 小時內提交。第一組參與者被要求，明確地準備寫作的時間和地點；第二組參與者則沒有任何要求。結果，第一組參與者中有 75% 的人按時提交報告，第二組參與者中則只有三分之一的人按時提交。

2. 研究人員要求女性受試者在一個月內定期自查乳腺情況，兩組受試者都對這項活動表示濃厚的興趣和堅定的決心。第一組受試者被要求提交自查安排的時間和地點，第二組受試者沒有這樣的要求。結果，第一組受試者幾乎 100% 完成這項任務，第二組受試者卻只有 53% 的人完成任務。

　　這些研究說明一個事實 —— <u>不夠精準和具體化的計劃，需要調動我們有限的自控能力，大大增加了精力負擔，從而導致計劃失敗。</u> 如果我們確定了時間、地點和具體行為，我們將在甚麼時間和地點做甚麼事，就不必在完成上想太多了。

核心要點 4：小而持續

　　很多人想養成運動的習慣，或想成為早起達人，並從開始對自己提出嚴格的要求 —— 每天鍛煉 1 小時，或每天提前 2 小時起床。結果呢？把自己折騰得很，精力明顯不足，過不了幾天，整個計劃就失敗了。為甚麼呢？

省力法則強調 ──「當人們在兩個相似的選擇之間做決定時，會很自然地傾向於需要最少精力、努力或最小阻力的選擇。」我們的大腦傾向於儲存能量，而所有行動都需要消耗能量。一個習慣需要調動的能量愈少，就愈容易實現；需要調動的能量愈多，就愈難以維持。所以，<u>要養成積極的儀式習慣，採取細小的、一致的、持續的行動十分關鍵</u>。我們唯有保存精力，讓大腦支援我們，才能建立促進這習慣的系統。

另外要強調一點是 ── 不要希冀同時養成多個儀式習慣，如果我們一次性為自己設定太多的改變，遠遠超出個人意願與自律的有限能力，很容易退回原形。這不僅打破原來的計劃，還給我們帶來負面情緒。<u>習慣是慢慢養成的，欲速則不達。只要我們每次把精力放在一個重大的改變上，每一步設定一個可行的目標，成功的概率會更大。</u>

核心要點 5：習慣追蹤

保持一致性的最好方法是甚麼？答案是 ──習慣追蹤！

<u>習慣追蹤，就是追蹤自己習慣的行為，為自己付出的努力提供視覺證據。</u>《原子習慣》的作者詹姆斯·克利爾（James Clear）曾說過：「視覺提示是我們行為的最大催化劑。基於這個理由，你看到的細微變化會導致你行為上的重大轉變。」

現在不少手機 App 也有類似的功能，我最常用的一款健康生活 App，裏面有飲食記錄（熱量）、運動課程，可記錄自己的身高、體重、減脂或塑形目標。通過每天記錄飲食，可以直觀地看到熱量攝入；每週固定時間記錄體重，它會隨着時間的推移，自動生成變化曲線，並據此提示我的計劃進展情況，一目了然。它的確幫我養成了記錄飲食的習慣，讓我知道自己每天的攝入量有沒有超標，營養是否均衡，以及每日的運動消耗，有趣又有用。

核心要點 6：設立回饋

在習慣養成的過程中，要設立回饋機制，當我們完成了 30 天、60 天、100 天的階段性里程時，不妨送自己一件喜歡的禮物，如健身衣、短途旅行、精美的日記本等。

我們都知道，量變決定質變。很多時候，我們不想做一件事，恰恰是因為沒有看到任何積極的改變。然而，沒有看到進展並不意味着它沒有發生，就如詹姆斯·克利爾（James Clear）所説：「我們很少意識到突破時刻的出現，通常是行動的結果，這些行動積聚了引發重大變革所需的潛能。」

堅持是持久變化的關鍵，但長期行動需要時間。因此，我們要積極地關注進展，讓自己為某個目標投入的頻次、時間視覺化，並在完成階段性的小目標後，及時給予回饋。這樣做可<u>讓我們在進步中獲取積極的精力，繼續前進。</u>與此同時，也讓我們不再過分關注結果，轉而享受追求結果的過程。當我們的某一行為與愉悦建立條件反射後，這個行為就更容易延續下去。

<u>養成儀式習慣是一個循序漸進的過程，需要一步一個腳印慢慢走、持續走，從小目標開始，伴隨着愉悦感與成就感前進，最終使其成為一種自發的行動。</u>來抵消主觀意願與自製力的局限，從而幫助我們節省精力，在不知不覺中成為更好的自己，做更多有價值的事。

05

怎麼愈強調「不做甚麼」，
愈是容易失控呢？

用正向意念激勵自己

試着對比下面兩組的説法，體會兩者帶來的不同感受。

第一組：

1. 你今天必須打 100 個電話，否則不能下班！必須完成！
2. 你今天要打 100 個電話，説不定可以給自己帶來幾個訂單，這樣的話，你就有更多收入，可給自己換一部心儀的手機。

第二組：

1. 你今天必須寫完報告，否則不能玩網上遊戲、聊天，做任何和網絡有關的事。
2. 你今天要完成報告，之後可以在喜歡的任何時間上網、做你喜歡的事。

哪一種表達讓你覺得更舒服，更願意採取積極的行動？

積極正向的意念，讓潛意識推進目標

第一種説法是懲罰式的反向激勵，它會給人造成緊迫感和恐懼感，讓人壓力劇增，從而更容易感到疲勞和厭倦。面對這樣的情形，我們的潛意識通常會用拖延的方式來緩衝疲勞與焦慮，雖然耗損的精力不少，卻很難實現目標。

第二種説法是用正向信念的激勵，把每一份結果添加到激勵中，不斷地提醒我們 —— 我們已經做了很多有意義的事，也越

來越有信心完成剩餘的事情。更重要的是，我們知道完成既定任務後，能給自己帶來更大的享受機會，一切都變得很明朗，人也變得精力十足。

為甚麼正向信念的激勵，更有利為我們增補精力，完成既定任務或養成儀式習慣？

這裏有一條重要資訊需要我們了解 —— 潛意識不會處理否定性的字眼。當我們告訴自己：「千萬不要想一頭粉紅色的大象」時，出現在腦子裏的，往往就是一頭粉紅色的大象。當我們告訴自己：「千萬不能碰香煙」時，大腦對香煙的渴望會比之前強烈很多，我們會愈發想吸煙。

為甚麼愈不想發生的事，往往愈不受控制？因為潛意識不懂處理否定性字眼，也不能分辨對錯！如果我們總是對自己說：「不能吃甜品」、「不能碰米飯」、「不要失眠」，結果往往事與願違，因為潛意識只會關注「甜品」、「米飯」、「失眠」。

了解潛意識的特性後，我們可把自己的願望裝進潛意識，當它接收這個任務後，會自動讓行為朝着這個目標前進，協助我們建立積極的儀式習慣。

例如想培養健康的飲食習慣，就讓潛意識接受這樣的資訊：「我關注身體健康」、「我喜歡清淡的食物」、「我每頓吃半碗米飯」，慢慢地我們會發現，糾結變少了，行動起來也變得愈自然。

總而言之，我們想成為甚麼樣的人，過甚麼樣的人生，養成甚麼樣的習慣，就要用相對應的積極正向意念來暗示自己。當我們能夠描述具體的目標，並擁有強烈實現目標的欲望時，大腦會和潛意識接通，用潛意識驅動我們的行為，這比刻意調動自控力支配行為更節省精力、也更有效。

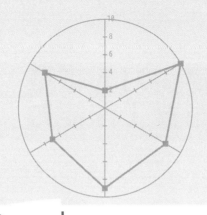

Chapter/02

體能課

體力不足的人，
沒有資格談精力
十足

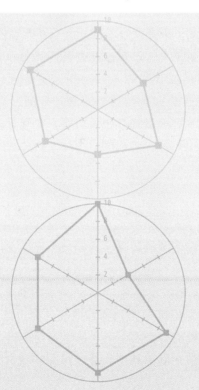

06 體能是精力的根基，直接影響工作能力

　　三年前，我認識了健身達人 Z 姐姐，或許稱她為精力達人更恰當。

　　Z 姐姐身高 165 厘米，體重常年保持兩位數。已經 50 歲的她，身形看起來依舊如少女，擁有健康之美。纖美的身材自然令人艷羨，真正令人驚歎的是，她在完成日常工作之餘，保持每天跑步 10 公里和晨讀的習慣，即使出差也堅持執行，她每個週末會製作健康美食，與朋友分享健康飲食和運動內容。

　　我心裏一直納悶，Z 姐姐怎會有如此充沛的精力？她的身體能吃得消嗎？這並非我個人的疑問，朋友健身群的姐妹也曾提問，她們希望通過飲食和運動減脂，提高自身的形象，但現實卻無法兼顧，她們説晨跑 3-5 公里後，身體更疲憊，一整天無精打采。

運動給人精力充沛

　　同樣面對高強度的工作，同樣一天只有 24 小時，為甚麼 50 歲的 Z 姐姐可以應付得來，反而 20-30 歲的姐妹卻吃不消？關於這件事，Z 姐姐曾提出反問：「你想通過運動達到甚麼目的？」毫無疑問，大多數姐妹回答減脂和提高代謝，可 Z 姐姐卻説：「我從來沒有想過要變得多瘦，我要的就是每天精力充沛地工作和生活。當我站在學生面前時，我要以飽滿的狀態給他們講課，並完

成課題研究。當突然出差時，也有足夠的精力支撐我，而不是稍加忙碌就生病。對我來說，擁有良好的體能和旺盛的生命力，比擁有傲人的馬甲線更重要。」

至此，我們才真正知曉，Z 姐姐的晨跑 10 公里，為的是讓自己獲得良好的體能，從而更好地應對生活的種種突發狀況。從某種程度上來說，Z 姐姐的這種解釋顛覆了一些人的認知，因不少人認為跑步是在消耗身體的能量，怎麼可能精力充沛呢？

其實，這裏存在一個對體能的認知誤區。很多人習慣性地把運動和體能混為一談，其實這是片面的。體能一詞，最早源於美國，其英文是 Physical Fitness。從廣義上來說，體能指的是人體適應外界環境的能力；在英文文獻中，體能指的是身體對某種事物的適應能力。我們都知道，外界的環境每時每刻都在變化，我們的身體如何根據這些變化進行調適？這就是體能，即身體的適應性。德國人對體能的解釋更為直接 —— 工作能力。

精力管理金字塔

為甚麼體能好的人，精力會更加旺盛呢？

醫學研究發現，<u>體能良好尤其是心肺能力突出的人，大腦的供血、供氧、供糖效果都更佳，因而提升大腦的工作效率，</u>即使長時間工作也不容易疲憊。

有一個事實可說明：全世界出產世界五百強 CEO 最多的學校，不是哈佛，也不是耶魯，而是西點軍校。他們在西點軍校接受的戰略思維養成、紀律性、團隊意識、目標感及體能訓練，為後來應對繁重的工作奠定堅實的基礎。<u>體能好是精力充沛的根基，直接影響我們投入工作與生活的精力。</u>

至此，我們不難理解為甚麼 Z 姐姐堅持晨跑 10 公里。因為她在打造體能，有了這先決條件，她才精力充沛地學習和工作，

充分享受休閒活動的樂趣，並能夠從容自如地應對各種意外狀況。當然這絕不是一日之功，更與天賦無關，而是循序漸進、日積月累中鍛造出來。

説到這裏，不得不提及精力管理的金字塔模型，它很好地解釋了精力的構成。當我們理解了這個模型，就知道該如何有計劃地管理自己的精力。這模型共有四層，呈金字塔狀：

模型最底層是體能，它是精力的基礎；

第二層是情緒，它影響我們的記憶力、認知力和決策力；

第三層是注意力，能讓精力有效輸出，減少不必要的耗費；

第四層是意義感，也是活着的最高追求，是驅動我們做事的底層邏輯，是精力的最終源泉。

看到這個模型，我們不難發現，體能是精力管理的重要根基。體能猶如一塊可充電的電池，也許一開始電量並不充裕，但通過有效的調整和訓練，可讓電量不斷提升。那麼，具體該怎麼做呢？

從心理學的角度來看，精力來源於氧氣和血糖的化學反應；從實際生活來看，精力儲備與我們的呼吸模式、飲食結構、睡眠品質、身體的健康程度等息息相關。接下來，我們針對這些內容進行詳細介紹，學習如何打造「不疲憊」的身體。

練瑜伽的時候，呼吸比動作更重要？

07 呼吸關乎生命存亡，也關乎身體能量

愈是看似平常的事物，愈容易被人忽視，也愈容易在失去時讓人感悟它的珍貴。

呼吸，就是這樣一種事物。如果沒有遇到特殊的情況，如感冒鼻塞、游泳嗆水，我們幾乎不會花心思體會它的存在，一呼一吸就那麼自然而然地發生。當呼吸因疾病或外界其他因素剝奪時，我們卻會痛苦不堪。

呼吸，不僅關乎着生命的存亡，也關乎着身體的能量。換句話說，呼吸是能量的來源。我們經常聽到一個詞語 ——「有氧呼吸」，它的意思是指細胞在氧氣參與下，通過多種酶的催化作用，對葡萄糖等有機物進行徹底分解，從而產生二氧化碳和水，同時釋放大量的能量。從本質上說，呼吸要先進行能量輸入，然後通過能量輸出，實現能量守恆。這一過程，需要內在和外在達到統一。

深呼吸令你積蓄能量

修習瑜伽的人，大都有這樣的感觸 —— 初學時往往把體位看得很重要，也經常因身體的柔韌度不足而在拉伸時感到格外難受，呼吸也變得困難。有時，一個體式做得不到位，或無法保持穩定的姿態，也很難控制好自己的呼吸。

隨着深入地修習，練習者開始意識到，瑜伽中的呼吸和動作

同樣重要。只有把身體、呼吸、心志合為一體時，才能真正領悟體位的真正價值。想把瑜伽練好，第一步就是有意識地把呼吸和身體結合起來，用呼吸來引導每個體式，達成兩者結合。

毫無疑問，呼吸在運動過程中發揮着重要的效用，在日常的工作和生活中，我們是否可以通過呼吸為自己補充能量呢？答案是肯定的，但這裏有一個前提條件，就是先要學會正確的呼吸方式！

是的，你沒有聽錯，雖然我們時刻都在呼吸，但不是每個人的呼吸方式都是正確的。事實上，很多人都處在一種淺呼吸的狀態，吸得很淺，只吸到胸腔就吐出氣了，身體很難感到完整而徹底的放鬆。想要身體積蓄能量，我們需要的是 —— 深呼吸。

為甚麼深呼吸如此重要？因為在所有的內臟器官中，肺部是我們唯一可以調控的，而調控肺部的方式就是深呼吸。同時，深呼吸可以調動人體的副交感神經。副交感神經是甚麼？它的主要任務是放鬆身體和消化吸收，這兩者對我們來説極其重要。

想要恢復體能和精力，我們要不斷強化副交感神經，讓身體主動地放鬆下來，慢慢恢復。然後，當我們需要它的時候，再調動所有精力，全力以赴完成目標。所以説，精力達人不是不會累，而是他們懂得放鬆和休息，更懂得勞逸結合，在主動恢復中為身體蓄能。

正確的深呼吸法

怎麼判斷自己的呼吸是否正確？又該如何做深呼吸呢？現在，我們可以按照下面的指令練習一下，它既是一個對呼吸方式的測試，同時也是一個糾正的訓練。

Step❶：站立、坐直或平躺，使全身處於舒適、放鬆的狀態。

Step❷：一隻手放在胸前，另一隻手放在腹部。像平時那樣呼吸，同時觀察胸部和腹部的起伏變化。

Step❸：當腹部鼓起時，胸部仍舊保持原狀，這樣的呼吸方式就是正確。如果胸部的起伏比腹部大，那就要調整呼吸，用腹部吸氣，同時胸部保持原狀。把手放在腹部，胸部保持原樣，練習吐納。深吸氣 5 秒鐘後，再呼氣。

Step❹：抓住可練習這呼吸方式的機會，實現從刻意練習到習慣養成，最終將它變成自然而然的呼吸方式。

嘗試做 20 次深呼吸，感受一下，你的身體是不是慢慢放鬆下來了？

冥想，到底有甚麼用？

人在平靜的狀態下，
能量不會耗散

身在這個壓力重重的時代，我們無法徹底逃離紛繁複雜的世事，但我們有選擇的權利，存留對自己有益的消息，過濾那些無用的消息。當我們了解到深呼吸對於身體和精神的益處，並逐漸將這種呼吸方式養成習慣後，還可以做一個深度的放鬆、休息訓練——冥想。

腦科學家曾進行一個實驗——受試者有兩組人，一組人經常做冥想，另一組人從來不做冥想。兩組人同時接上功能性磁振造影設備，即時觀測大腦的活動變化。在受試者毫無防備的情況下，實驗人員突然用火燎了他們的腿部，所有人都因驚嚇發出了尖叫聲。

接下來，情況開始發生變化——不做冥想的受試者，其大腦中的「杏仁核」區域在之後很長時間依舊活動劇烈，經歷着強烈的情感波動，完全沉浸在對疼痛的惱怒和提防中，持續很久才消失。相反，經常做冥想練習的那組受試者，在發出尖叫聲之後，情緒很快恢復平靜。被火燎的那刻過去後，他們就把那瞬間徹底「放下」。

一呼一吸的冥想，釋放壓力

心理是腦的機能，腦是心理的器官。我們在進行理性判斷和自主選擇時，主要依靠大腦的前額葉皮質，這個區域十分關鍵。相關研究發現，長期進行冥想訓練的人，大腦前額葉皮質中的灰質會增加。換言之，通過冥想訓練有可能獲得更發達的前額葉皮質，讓人更好地控制自己的情緒和選擇。與此同時，在冥想一呼一吸之中，也可刺激副交感神經，幫助我們釋放壓力，調整狀態。

在碎片化資訊氾濫的時代，每天睜開眼，就會看到、聽到大量社會性新聞。這些繁雜的資訊有正向的，也有負向的，讓我們的思緒忍不住跟着一起纏繞；再加上消耗心力、體力的工作和煩擾不斷的人際關係，大腦真是不堪重負，就算熬到週末，睡一上午的懶覺，依然覺得疲乏，精力不足。

面對這樣的狀況，我們有必要把冥想列入每日清單之中，令我們回到當下，集中意識，提升注意力和創造力。不需要花費太多的時間，每天只要 5 分鐘，就可以幫助我們的體能、思維和情感平復下來。

那麼，冥想具體該怎麼做？這裏推薦兩個簡單好用的冥想法。

方法 1：盤腿靜坐冥想法

Step❶：找一處安靜的、不受干擾的地方，盤腿靜坐，雙手自然垂放在兩個膝蓋上。

Step❷：閉上眼睛，把全身的精力集中在呼吸上。

Step❸：用腹部呼吸，深深地吸氣，腹部內收。

Step❹：吸到最大，憋氣。

Step❺：緩緩呼氣，腹部外鬆。

Step❻：呼出全部，屏氣凝神。

在冥想的過程中，如果注意力忽然不集中，大腦冒出其他的想法，沒關係，不用着急或迴避，承認這個想法後再放走它，意識始終關注於呼吸。不用限制一呼一吸的時長，盡自己最大的可能。長期堅持，我們的專注力和注意力會得到明顯的提升。

方法 2：數呼吸冥想法

把全部的注意力集中在呼吸的過程中。

吸氣，想像一股美好的氣流，緩慢地從鼻腔進入身體，給自己帶來舒適的感覺。

吐氣，想像一股不好的廢氣，緩慢地從鼻腔離開身體，讓身心得到淨化。

完成上述的吸氣吐氣過程，可以在心裏記一個數，從 1 數到 10。然後重新開始，根據自己的實際情況完成幾回。

<u>冥想，可以讓我們專注地沉浸於當下。</u>任何處於專注狀態下的人都是平靜的，而在平靜的狀態下能量是不會耗散。如果白天的環境比較嘈雜，我們可以在每天睡前進行 5 分鐘冥想，讓自己卸掉一整天的壓力，平心靜氣地開啟睡眠模式。

減肥期間不吃主食，

為甚麼整個人都不好了？

09 食物是精力的燃料， 養成「會吃」的習慣

打開網絡，總能看到類似的問題——

- 斷食 7 天，能減掉 8 公斤嗎？
- 不吃主食，每天跑步 5 公里，多久能瘦 10 公斤？
- 早上吃雞蛋，中午吃牛肉，晚上吃番茄，一個月能瘦多少？

減重，是一個持久不衰的熱門話題。日本有位男士親自做了斷食試驗，7 天之內只喝水不吃任何東西，結果他的體重從 64kg 變成 56.35kg，大致減少了 7.65kg。從數字上看，減重成果可喜可賀，但經過具體的分析後發現，減掉的 7.65kg 體重裏，只有不到 1kg 是脂肪。這說明雖然他的體重是下降了，可惜減的不是「肥」（脂肪），而是糖分、水分和無比寶貴的蛋白質！

7 天過後，如果他繼續斷食的話，當然會消耗脂肪，可隨之而來的，是免疫力和精力急劇下降。長期如此，再加上高強度訓練，就會威脅生命。總而言之，斷食減不了肥，一旦恢復正常飲食，體重很快會反彈；但丟失的蛋白質、良好的體能、充沛的精力，卻不是一時半會能補上來的。

身邊也有不吃主食減肥的朋友，開始幾天還能忍受，也欣喜體重連降。但一週過後就不那麼順暢了，明顯情緒低落，易怒易激惹，做甚麼也提不起精神，大腦昏昏沉沉，也感受不到生活的樂趣。直到有一天，精神上撐不住，開始暴食各種碳水化合物，這全都因糖分攝入不足引發。

懂得吃，減重又健康

減肥的本質是甚麼？

不只是看體重磅上的數字變化，而是養成健康、長久堅持、令人舒適的飲食習慣。簡單來說就是米飯一定要吃，關鍵在於吃甚麼、怎麼吃？

Step❶：選擇優質的食材，為精力提供燃料

吃了大量的蛋糕、薯條等高糖、高油食物後，總是懶懶的不想動，甚至昏昏欲睡？實際上，這就是劣質食物進入身體後引發的後果。這些食物不容易消化，大量的血液集中胃部工作，使大腦供氧不足。吃了這些東西後，非但補充不了精力，還給身體增加負擔。特別是晚上，消化系統還要加班勞動，身體很難得到充分的休息。所以，高油高糖、添加劑多的零食，我們一定要遠離。

怎樣的食物能帶給我們充沛的精力？

首先，我們要知道人體必需的營養素有七大類，分別是糖類、蛋白質、脂肪、水、維他命、礦物質、膳食纖維，我們着重談談排在前面的五大類。

1. 糖類

中國人的飲食向來是以主食為主，過去很多年裏，大家習以為常的早餐就是饅頭、油條、稀飯，這些食物的升糖指數很高，很容易被消化成葡萄糖，消耗不掉會轉化為脂肪。當然，這並非說要徹底戒掉糖類，這種東西吃多了會發胖，讓人沒精神，可吃少了會讓人情緒不佳，喪失很多生活樂趣。

正確的做法是，限量食用精糖和升糖指數高的食物，如精

米、白麵；適量食用升糖指數低的食物，如粗糧、豆類等；盡量少吃熱量高、糖分高、無營養的食物，如零食、汽水飲料等。總之，<u>緩慢釋放的糖分能夠為我們提供更穩定的精力。</u>

2. 蛋白質

蛋白質有多重要？毫不誇張地說，<u>沒有蛋白質，就沒有生命。</u>

我們的身體，從毛髮、皮膚到骨骼、肌肉，再到大腦和內臟，乃至血液、神經組織、內分泌組織，都離不開蛋白質參與。如長期食用高油、高糖類食物，而蛋白質攝入不足，會導致肌肉越來越鬆軟；長期缺乏蛋白質，頭髮會缺乏光澤、易斷裂。更重要的是，蛋白質與免疫系統有着密切的關係，因為免疫細胞是由蛋白質所組成，如果我們長期少吃或不吃蛋白質，免疫細胞就無法正常工作，身體自然容易生病。

蛋白質固然好，但也有等級之分，通常以包含人體必需的氨基酸來評級，動物蛋白（魚肉、蝦肉、牛肉、羊肉、豬肉）的評分高於植物蛋白。需要提醒大家，蛋白質的攝入不能過量，否則體內的氮含量增加，這被認為有可能對腎臟造成負擔。一般來說，體力活動較少時，建議蛋白質攝入量是每公斤體重0.8-1.2g；運動、體力勞動者，建議蛋白質攝入量是每公斤體重1.2-1.8g。

3. 脂肪

在很多人的認知中，脂肪是不健康的。事實上，脂肪並非一無是處，它可以減緩饑餓感、緩解餐後血糖的上升速度，有助於身體健康和細胞膜修復。可是，現代人的生活相對充裕，食物豐富，因此要限量攝入脂肪，避免油脂過多導致肥胖，或引起高血壓、糖尿病、心血管疾病等。

通常來說，我們每天攝入的油脂總量保持在每公斤體重 1g

以內，如果想減脂，可以將每日的攝入量控制在每公斤體重 0.8g 以內。需要注意的是，女性每天攝入的脂肪量如果低於每公斤體重 0.6g，可能引起生理週期紊亂，盡量別超過這個底線。

盡量選擇優質脂肪，如三文魚、金槍魚（吞拿魚）、魚油、核桃、芝麻油等，避開劣質脂肪（反式脂肪酸）。通常來説，反式脂肪酸這個名字不會直接出現在配料表，但是看到「氫化植物油」、「植脂末」、「奶精」、「人造牛油」、「植物起酥油」等字，就要特別注意，它們都是反式脂肪酸的別稱，能不吃就不吃。

4. 水

水是生命之源，充足的水分可增加身體的活力，提高皮膚和筋膜的質素，保持肌肉與關節潤滑，延緩衰老。同時，充足的水分可避免暴飲暴食，有時我們感到饑餓，其實並非真的餓，而是口渴，這兩個信號很容易發生混淆。

不要等口渴才喝水，那時的身體已經極度缺水了。要養成常補水、小口喝、喝溫水的習慣；飯後半小時再喝水，避免降低胃酸，影響消化能力。美國國家科學院醫學研究所建議，每天的飲水量為每公斤體重 30ml，如體重是 50kg，每天的飲水量應該為 1500ml。在運動過程中，需要及時補充水分或電解質飲料。如果水分流失超過體重的 2%，會降低運動表現。盡量不喝含糖飲料，這樣能讓身體保持更好的狀態。

5. 維他命

水果和蔬菜是維他命的重要來源，兩者比較而言，我們更推薦蔬菜，特別是綠葉蔬菜，它的平均維他命含量是各類蔬菜之中最高。以西蘭花來説，100g 西蘭花的維他命 C 含量是同品質蘋果的 10 倍。不僅如此，綠葉蔬菜還是 β-胡蘿蔔素的優質來源，維他命 B_2 含量相當可觀，是現代人較容易缺乏的營養素，體內維他命 B_2 不足，容易出現嘴角潰爛、嘴唇腫痛等症狀。

日常飲食中每餐應當預備一碟綠葉蔬菜，這是我們真正需要的精力來源。如果外出無法攝入足量的綠葉蔬菜，也可選擇維他命片作為補充。

總而言之，飲食是精力的重要燃料，<u>想要保持充沛的精力，需要進行科學的飲食管理。</u>

Step❷：藉助飲食調控情緒，減少精力損耗

飲食和情緒有關係嗎？當然，而且關係重大，否則不會有情緒性進食這問題出現。

當身體缺少維他命 B_1 時，很容易出現暴躁易怒的情況；當身體缺少維他命 B_3 時，會出現焦慮不安、失眠或抑鬱的情況。如果肉吃多了，腎上腺素的含量會提高，會導致人衝動易怒。

當身體攝入的色氨酸過少時，很容易陷入悲觀、憂鬱之中。所以，平日我們要適量吃些小米、雞蛋、冬菇等食物，保證色氨酸正常攝入。當體內維他命 C 含量不足時，也會出現情緒和行為上孤僻、冷漠、憂鬱，所以新鮮果蔬不可或缺。

想要抑制憂鬱、悲傷的情緒，我們可以適當喝些雞湯，雞湯裏富含的游離氨基酸，能夠提升多巴胺和腎上腺素。香蕉含有「生物鹼」，可以調節憂鬱的情緒，是優質的食材。

如果一個人的情緒總是反覆無常、不穩定，可多食用鹼性食物，如花生、大豆、雞蛋等。要是情緒波動特別大，總是莫名其妙地發火，可以嘗試「吃素」。當然不是要徹底放棄肉食，只是通過飲食方式恢復心境平和；因為素食含有葉綠素和纖維等，可以調控血壓，對情緒調節有幫助。

最後提到鹽和鐵，別小看這兩樣東西，它們對精力的影響甚大。如果人體攝入太多鹽，身體無法正常代謝，會導致身體出現水腫，人也變得懶慵慵。如果體內鐵元素不足，人會變得不精神、昏昏欲睡。我們平時要少吃鹽，多吃些富含鐵質的食物，如瘦肉、紫菜、海帶、紅棗、豆腐、黑木耳等，最好是葷素搭配，

加速鐵質吸收。

Step❸：通過飲食改善壓力情況

生活在充滿不確定性的時代，要和慢性壓力長期共存。很多人在面對壓力時，會選擇吃東西來緩解焦慮；結果非但沒能減緩焦慮，還給自己徒增更大的壓力。過度飲食導致肥胖，肥胖的結果本身就是一種壓力。然後，陷入了惡性循環 —— 愈有壓力愈去吃，愈控制不住自己愈焦慮，暴食之後，不但身體沉重，心理上還要承受負罪感。

要減緩或避免這樣的情況，要從飲食習慣和營養攝入下手。

首先，減少進食量，不要把大量的食物囤積在家，準備一個食物磅，有效地進行定量。吃食物時要專注，細嚼慢嚥，享受每口食物的味道。集中注意力進食，就是放鬆壓力。同時，減緩進食速度，更容易察覺飽腹感，狼吞虎嚥的方式，往往是一口氣吃很多，想停下來的時候，已經過量進食。

在營養攝入方面，盡量少吃精製穀物、白米飯等單一化合物，會在體內迅速刺激血清素分泌，而後很快失效，導致情緒波動，不僅無法緩解壓力，還會讓我們感到疲勞、沒精神。可以適當增加複合碳水化合物含量高的食物，如全麥麵包、麥片、粗糧飯等，能夠長時間刺激大腦產生血清素，可改善情緒。另外，蛋白質的攝入不可或缺，它可以促進多巴胺分泌，是天然的抗壓激素。

愛自己，不是一味地滿足口腹之慾，而是在好習慣之中獲得身心舒暢與自由。好好吃飯，認真對待一日三餐，這是對自己最基本，也是最重要的善待方式。

10

晚上玩手機，犧牲的只是時間嗎？

熬夜透支，
是人生下半場的生命力

　　這次見到阿芸，我明顯感覺她比去年胖了至少十幾公斤，而且整個人的精神狀態很差。她告訴我，這一年來由於工作不順利，她一直很焦慮，幾乎夜夜失眠，有時是睜着眼看天亮，到了凌晨兩、三點才勉強入睡，但只是淺度睡眠。

　　晚上睡不着，白天沒精神，還要應對繁重的工作，阿芸只能選擇重口味的食物刺激味蕾，希望打起精神來。於是，麻辣香鍋、辣火鍋、忌廉蛋糕成了「能量補充劑」。

　　之後，阿芸的日子變成了這種模式 —— 睡得越來越晚，吃得越來越多，口味越來越重。偶爾，工作沒那麼緊張，早點躺到床上，阿芸會抱着手機和 iPad 上網、看電影，以為這就是放鬆和休息，一下子時間又到凌晨，她也覺得更累，腦子暈暈的。

　　其實，像阿芸這樣的人不在少數。根據《2016 中國人睡眠白皮書》顯示，平均睡眠時長 7 個小時，失眠人群達 22.5%，其中 2.3% 的人存在嚴重睡眠問題。睡眠不足的人熬的是夜，透支的卻是人生下半場的生命力。即使只是少量的睡眠缺失，也影響力量、心血管能力、情緒和整體精力水準。有大約 50 項研究表明，人的專注力、記憶力、邏輯分析能力和反應時間，會隨着睡眠不足而衰退。

　　如何才能擁有優質的睡眠？在此提供一些簡單的行動指南。

判斷自己的最佳睡眠時長

每天甚麼時間睡覺？睡多少個小時才合適？這個問題的答案不是絕對的，因為每個人存在差異性，需要根據自身的情況來定。有些睡眠品質較好的人，每天睡 6 個小時就足夠；有些存在不同失眠現象的人，則需要適當延長睡眠時間。不過，延長睡眠時間並非彌補睡眠品質的最佳辦法，還當通過調理和治療，提升睡眠品質。

怎樣知道自己睡多少個小時合適呢？最簡單的辦法就是，連續一週保持同一個睡眠時間，如每天睡 7 小時或 8 小時，觀察自身的情況。我的最佳睡眠時長是 8 小時，如果早上 6 時起床，我在晚上 10 時就睡覺；如果 7 時起床，我最晚可以晚上 11 時睡。這已經是極限了，熬夜會讓我第二天精力不足，哪怕早上多補 2 小時，也無濟於事。

睡前 1 小時遠離電子產品

對現代人來說，想要保證優質的睡眠，最重要也是最難做到的是睡前 1 小時遠離電子產品。因為手機、iPad 或其他電子螢幕發出的藍光，會抑制人體內褪黑素（melatonin）的分泌。褪黑素的作用是調節晝夜迴圈，讓人在晚上感到睏，早上準時醒來。睡前在藍光下暴露太久，讓人感覺不到睏意，直到身體透支到無法支撐任何消耗，才進入睡眠狀態。第二天，無論早起還是晚起，都很難消除疲憊感。

這是一個習慣的問題，有人建議在白天找出一段閒置時間，遠離電子設備，做一些讓自己心情舒暢的事，可以有效地控制這種行為。說白了，就是適應手機離身、不時刻玩手機的狀態，該處理的事情集中處理，習慣了這樣做以後，就能夠做到在睡前徹底放下手機了。

在睡前的 1 小時裏，我們可以做點甚麼事代替玩手機，並有

益於睡眠呢？我的個人心得是，可以洗個熱水澡或泡泡腳，看一會兒非小説類書籍。然後，躺在床上，熄了燈，思考一下明天要做的「最重要的三件事」，提前列出清單計劃。完成這些事後，內心往往是平靜的，也可以正式開啟睡眠模式了。

利用小憩來補充精力

每一個職場人，都無可避免地面臨加班，總會有幾次身不由己的睡眠不足或睡眠不規律。科學家通過實驗研究發現，一週內晚睡的極限是 2 次，在這樣的情況下做適當的補救，精力還是可以恢復的。

如果前一晚睡得遲，第二天必須留出小憩的時間，這非常重要。日本的睡眠研究員發現，每天下午 3-4 時是精力最低的極限點，也是最睏的時候。不妨<u>在下午 1-3 點小憩一會，幫助自己快速地恢復體力和精力。</u>小憩的時間最好控制在 20-30 分鐘，最長不超過 40 分鐘，否則會進入熟睡期和深睡期，很難被叫醒，若是硬着頭皮起來，也會感覺暈暈的，像沒睡一樣。

吃好吃對晚餐，有助睡眠

我現在養成了一個習慣，帶着一點點饑餓感入睡，這種狀態特別舒服。吃得過飽會感覺身體沉重，翻來覆去睡不着。所以，躲不開的聚會大餐，我盡量安排在中午，這樣還能留出充分的時間消化食物。

<u>晚餐的飲食盡量清淡，少油膩，六七分飽即可。</u>避免吃刺激性的食物，如辣的、酸的，這些食物可能導致胃灼熱，加重焦慮感。如晚餐吃得不多，睡前 1 小時半可喝些溫熱牛奶，有助睡眠。

總而言之，想獲得優質的睡眠，不是通過某方面的改善就能實現，需要多管齊下，養成良好的、規律的習慣。可能開始時不太容易，但堅持過後我們就會發現，一切都是值得的。

11

每天下班也累得不行，還要運動嗎？

緩解精神疲勞，
運動是不二之選

經歷了一天的工作，以及神經的緊繃狀態，總算熬到了下班時間。我們通常感覺腰痠、背痛、腦袋脹，不是「累」字能形容。這時，健身教練卻來電説要堅持鍛煉；可是上班就夠累了，哪兒還有精力健身啊！

這是一個現實的問題，也是困擾着許多職場人的難題——內心有一份做運動的意願，卻拖不動沉重的腳步，只能感歎「心有餘而力不足」。上班累是不可否認的事實，可是還要鄭重其事地提醒大家——上班再累也得運動，否則會更累！

運動舒解精神疲勞

為甚麼這樣説呢？所謂累，其實就是疲勞。這是一個很複雜的身體機制，由各種因素導致，目前學界將其分為兩類——體力疲勞和精神疲勞。

體力疲勞，是肌肉和軀體經過運動，出現了缺乏能量、代謝廢物聚集和一些內分泌變化的情況。運動健身產生的疲勞，大都屬於這一類。體力疲勞通過飲食和休息，基本可以恢復。

精神疲勞，是人體機體的工作強度不大，但因為神經系統緊張，或長時間從事單調、厭煩的工作而引起的主觀疲勞，例如長時間寫文案、畫設計圖等，都導致精神疲勞，就連長時間打遊戲也會引發精神疲勞。

　　一整天工作後，我們感覺累，實際上屬於精神疲勞。大量的研究和實驗證明，適當的體育運動不僅有助於身體健康，還能夠讓日常工作導致的精神疲勞得到緩解。在同樣的條件下，運動的方式比聽音樂等，緩解精神疲勞的效果更勝一籌。

　　那麼，選擇甚麼樣的運動比較合適呢？在沒有時間的條件下，如何堅持運動？我想，這應該是很多人關心的問題，更是很多職場人亟待解決的困境。

選擇適合自己的運動強度

　　我們都知道，心肺功能好的人患慢性疾病的概率，明顯低於心肺功能差的人。因此，不少人關注心肺功能的訓練，首先想到的運動就是跑步。實際上，如果平日沒有運動基礎，高強度的訓練並不是心肺鍛煉的絕佳選擇，而且突然性的高強度訓練，還可能引起心臟問題。想藉助運動提升身體的免疫力，需要在適合自己體力的強度下運動。

　　甚麼是合適的運動強度呢？這裏有一個舒適區的概念：首先保證運動安全，不會對身體造成傷害；其次是享受運動過程，從中感受快樂，並可持續下去。通常來說，在整個運動的過程中，95% 處於舒適區，另外 5% 在舒適區的基礎上稍微提高一點強度，就是合適的運動強度。

跑步不適用於體重基數大的人

　　跑步是最簡單易行的運動項目，但如果體重基數過大，本身肌肉不足，絕對不建議跑步。相比而言，健走或在跑步機上帶坡度走，更為安全有效。當體脂率不在肥胖區域後，可考慮慢跑，這也是讓心肺功能循序漸進地提高的過程。

　　走路也講究章法，要讓身體更多的肌肉群參與走路的動作，增加身體的整體消耗，所以大幅擺臂是必要的。另外，走路時要保持肚臍向前，這樣能夠穩定骨盆周圍肌肉，避免造成胯關節損

傷；腹部保持收緊狀態，增加腹部鍛煉效果。走路的步幅要大一點，這樣對美化腹部和臀部的線條有幫助。最後一點，走路期間保持水分攝入，最好每 10 分鐘補充一次水分。

低強度運動開啟脂肪功能模式

有人跑 3-5 公里就氣喘吁吁，有人能順利地跑完一場馬拉松，兩者相差在哪兒？多數人覺得是體能的問題，實際上這是部分原因，還有一個至關重要的因素，就是兩者動用的能量來源不一樣。

我們體內有三種提供能量的物質 —— 糖分、蛋白質和脂肪。通常，蛋白質的使用很少，可以忽略不計，主要是糖分和脂肪供能。一位訓練有素的中長跑運動員，身體最多能儲存 500-2,000 卡路里的糖原，但其脂肪的能量卻可達到 50,000 卡。

顯然，依靠糖分提供能量的人是跑不遠的，且耐力較差。如果能夠很好地利用脂肪來提供能量，不僅可以提升耐力，還能保持好身材。具體該怎麼訓練呢？

問題要回到運動強度上來，只有進行低強度運動時，人體以脂肪消耗為主；而高強度的運動，依靠的是身體內的糖分提供能量。平時，我們可選擇的低強度運動有慢跑、健身操、騎單車、游泳等。

間歇性訓練不必佔用大量時間

如果我們平時工作時間很長，或者工作安排不規律，很難抽出充足的時間鍛煉，可以了解一下間歇性訓練，這是一種性價比很高的運動方式。

間歇性訓練方法的提出者，是 20 世紀 50 年代德國的心臟學家賴因德爾和教員倍施勒。其核心理論是，在訓練中加入休息時間，讓身體可以完成高強度的工作。間歇性訓練還有一個好處，就是增強我們的抗壓能力，讓我們對壓力不會那麼敏感，遇到挑

戰時可以保持從容的態度。因為在平日的訓練中，我們已經把身體訓練到時刻備戰的狀態了。

間歇性訓練有很多種類，如短跑、爬樓梯、動感單車等，有些運動軟件也提供了大量間歇性訓練的視頻，可作為選擇和參考。每次只花 20 分鐘，可以達到訓練的效果，不會耗費太多的時間。

當我們感覺工作辛苦，依靠睡覺卻不得緩解時，不妨給自己的身心來一場「積極性恢復」！讓我們走出家門，邁開腳步，快走 5 公里；跳進恆溫的泳池，暢快地游 1,500 米⋯⋯這樣的積極性恢復，比靜坐和躺着，能更快地趕走疲勞！

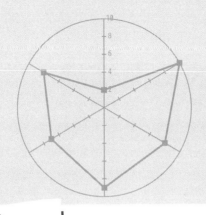

精力是稀缺品，
停止心理的消耗

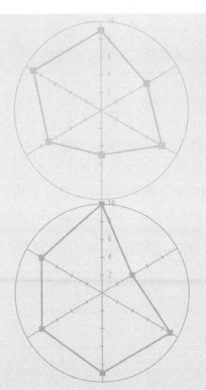

常與鄰居吵架的人，
為何死亡率會增加兩倍？

12 失控的負面情緒 是一場自我消耗

　　情緒是一面鏡子，照出悲喜交加的場景：愉悦時開懷大笑，生氣時怒火中燒，悲傷時痛哭流涕，焦慮時徹夜難眠……無論哪一種情緒，都屬於正常的心理反應；但凡事皆有度，一旦某種情緒持續的時間過長，會變成一場嚴重的自我消耗，甚至引發身心疾病。

　　丹麥有一項研究，從 2000 年開始，歷時 11 年，受試者為 9,870 名成年人。結果發現，與沒有相應問題的人對比：常因夫妻關係出現情緒困擾的人，死亡率增加 1 倍；常因親子關係焦慮的人，死亡率增加 0.5 倍；常與家人吵架的人，死亡率增加 1 倍；常與鄰居爭吵的人，死亡率增加 2 倍。

　　短期內，我們可能覺察不出持續的負面情緒對身體造成的嚴重傷害，但我們依然會出現不好的體驗，如：頭痛的頻次增加，頸椎和後背感到疼痛；無法集中精力工作，經常感到心神不安、焦慮急躁；跟周圍人溝通時動不動就發脾氣，説出一些難聽的話；尚未開始一天的工作，已經感覺精力不足。

別被負面情緒拖垮

全球著名心理學家吉姆‧洛爾博士（Jim Loehr）在《精力管理》（*The Power of Full Engagement*）一書中，對比了網球巨頭麥根萊（John Patrick McEnroe, Jr.）和干納斯（Jimmy Connors）在情緒管控上的差別，以及情緒對其職業生涯的影響。

麥根萊在整個職業生涯中，情緒一向控制得不太好，無論是自己失誤還是對裁判不滿，都會讓他憤怒而沮喪，這種情況隨着年齡增加變得愈發嚴重。干納斯只在早期階段不太懂得控制情緒，隨着年齡和閱歷的增長，他開始帶着愉悅和激情享受每場比賽。

麥根萊和干納斯都是出色的網球運動員，也曾連續幾年排名世界第一，從能力層面來說幾乎不相上下。但是，從整個職業生涯的時間軸來看，麥根萊在 34 歲退役了，而干納斯在 39 歲依然打進美國公開賽半準決賽，並在 40 歲才退役。

對於負向情緒的影響，麥根萊自己也意識到，他說：「如果我不陷入那樣的情緒，表現會更好。但是我卻不能信任自己的才能，或者任何事物。」他承認，放任憤怒的情緒是導致「人生最大損失和最痛苦失敗」的關鍵因素，在 1984 年法國公開賽的決賽中，他與蘭度（Ivan Lendl）對陣，開盤連勝兩局，最終卻輸掉比賽。

在看到這些事實的時候，我們不能只充當旁觀者，而是引起重視和警覺，並認真地思考 —— 我是不是一個習慣讓負面情緒蔓延的人？這些負面情緒給我的人生帶來了怎樣的影響？想像一下，如果可以控制好情緒，我的生活會有怎樣的變化和不同？

13 管控情緒是以恰當的方式釋放負面情緒

　　儘管我們說到，沉浸於負面情緒是一場自我消耗，但這並不意味着負面情緒一無是處，管控情緒就是要徹底消滅或壓抑負面情緒。這是片面的認知，因為每種情緒都有其存在的價值和意義──痛苦讓我們回歸現實；內疚讓我們重新審視自己的行為目的；焦慮可引起我們的注意，讓我們為將來做準備；恐懼可以動員全身心，讓我們保持高度的清醒應對險情……這些痛感，從某種意義上說也是一種動力。

管控負面情緒

　　情緒本身沒有好壞之分，只是人們對環境的某種反應。如果我們在內心深處認為情緒本身是壞的，是不可接近的，或是對它提前預設了立場，那我們必須要澄清這個錯誤觀念。事實上，情緒是一種中性的力量，每個人都會有傾向於不同情緒的反應，這很正常。當負面情緒開始影響正常工作和生活時，人為的選擇才是決定「好壞」的分水嶺。

　　換句話說，面對同樣糟糕的境遇，有人可以很好地對負面情緒進行管控，有人卻只會遊走在放任與壓抑之間。這也是「菲斯汀格法則」給我們的啟示：「生活 10% 由發生在你身上的事情組成，另外 90% 由你對所發生之事的反應決定。」

　　現代職場人一邊承受着職場的重壓，一邊承擔着生活的艱辛，職業瓶頸、人際關係、房貸、車貸、教育經費沉重地壓仕心口。可是，有多少人會把這些感受用妥貼的方式表達出來？更多人選擇沉默，所以有人説：「現代人的崩潰是一種默不作聲的崩潰，看起來一切都很正常，會説笑、會打鬧、會社交，表面平靜，實際上心裏的糟心事已經積累到一定程度了。」

做個能調控情緒的人

　　直到某一刻，實在忍不下去了，以另一種極端的方式爆發。其實，無論是壓抑還是爆發，最終所受的人是自己。認真回顧一下：有多少次的隱忍壓抑，以口腔潰瘍、喉嚨疼痛的方式折磨我們？有多少次亂發脾氣，讓我們和親近的人相互嘶吼、形同陌路？有多少的焦慮和煩躁，讓我們甚麼都沒做，卻已精疲力竭？

　　負面情緒不會毀了我們，真正傷害我們的是未能及時調控情緒。面對繁雜的生活和隨時冒出來的煩惱，沒有人會無動於衷，生氣也好，鬱悶也罷，不要把它們埋在心裏獨自吞噬，也不要用最糟糕的方式傷人傷己。所謂管控情緒，其本質與核心是以恰當的方式釋放負面情緒。

心理學家赫洛克（E.B.Hunlock）認為，能夠良好地調控自己情緒的人，通常符合以下四個標準：

❶ 保持身體健康。對於因失眠、頭痛、消化不良等疾病引起的情緒不穩定，有很好的控制能力，能管理好身體，正確對待疾病。

❷ 有行動控制能力。能考慮到行動的後果與社會的限制，不是想幹甚麼就幹甚麼。

❸ 消除緊張的情緒。不盲目壓抑情緒，將不利變為有利，讓其朝着無害的方向轉化。

❹ 對社會有洞察力。通過自己的分析思考，對各種社會現象做出較正確的判斷。

　　赫洛克還提出，一個人情緒成熟與否，也通過以下五個方面做出判斷 —— 正常的情緒狀態、對他人情緒的態度、對愛情的接受能力、較高的欣賞能力和表示敵意的能力、對自己情緒的態度。結合這些標準與事項，我們不妨捫心自問，是否能夠正確有效地處理自己的情緒？我的情緒是否成熟？

　　如果基本符合以上方面，恭喜你！沒有讓情緒成為高效工作、快樂生活的攔路虎；如果有所欠缺，也不要着急，意識到後就是改變的開始。管控情緒不是一、兩天完成的事，要經過事情的磨礪和淬煉，也要有自我更新和成長的意識與欲求。或許這會有一點艱難，卻相當值得的選擇；因為我們用怎樣的態度面對自己的情緒，直接決定了我們會成為怎樣的人、過怎樣的生活。

為甚麼看電視沒辦法緩解心理壓力？

14 減緩壓力造成的損耗，需獲取正向情緒

當某種負面情緒佔據了主導地位時，我們或許可以在表面上強顏歡笑，但效率低下這事實卻無法掩藏，這大概是成年人最苦惱的吧！畢竟，時間一分一秒不會停留，沒有誰會停留在原地等着我們收拾好心情，再完成該做的事，再扛起應盡的責任。

面對這樣的處境，我們迫切需要的是及時為自己補充情感精力，恢復處理問題的效率。這裏涉及一個關鍵性的問題，該用甚麼樣的方式補充情感精力呢？

看電視會增長焦慮感

我想分享一段自己的經歷，借來闡述這個問題。

就讀中六那年，我經常關自己在房裏溫習，背負着巨大的心理壓力，而且生活太單調。我偶爾看一會電視，但這種放鬆休息的選擇收效甚微，甚至心裏萌生負罪感，感覺時間被浪費了，身體和精神沒有得到滋養。

後來，我每天花 1 小時跑步，跑不動就快走，看着剛萌出尖頭的小草，我竟感受到由內散發出的生命力。臨近考試的幾個月，跑步的 1 小時成了我最喜歡的時段，既自由又暢快，也減輕了由繁重學業壓力帶來的心理負擔，那種莫名的煩躁感、緊張感削弱了一大截。

為甚麼看電視無法緩解壓力，跑步卻讓人變得輕鬆愉悅呢？

心理學家米哈里‧契克森米哈（Mihaly Csikszentmihalyi）等人的研究發現，長時間觀看電視會導致焦慮增長和輕度抑鬱！不誇張地說，看電視對思維和情感的影響，與垃圾食品對身體的影響沒甚麼兩樣。相比之下，如果能夠調動其他正向的情緒，能幫助我們有效地補充精力。實際上，心理疲勞可以通過運動得以緩解，要釋放負面情緒，就要學會獲取正向情緒，來減緩壓力造成的損耗與傷害。

尋找自己的「滿足時刻」

有沒有甚麼簡單易行的辦法，有效地獲取正向情緒呢？

如果長期處在同一環境中，做着高強度的工作，就會心生厭煩和焦慮。特別是對自己要求過於嚴苛的人，患上壓力上癮的概率更會大幅增加。面對精力上的重度耗損，最有效補充正向情緒的辦法是，留出一點空間和時間，享受自己的「滿足時刻」。

甚麼是「滿足時刻」？簡單來說，就是讓你體驗到愉悅和深刻滿足的感覺，或讓你感到快樂和舒適的事物。我最喜歡在週五下午到附近的書吧小坐，有時也不看書，就在那裏靜靜地坐着，看街頭人來人往，發一會兒呆，但這個時刻讓我覺得很放鬆；我的朋友 N 姐最喜歡到拳館打拳，每次 1 小時半的練習，讓她完全沉浸於其中，無暇思考其他事情。這個過程讓她無比享受，特別是心情不好時，痛快地打一場拳，很多煩惱都被甩了出去。

每個人的喜好不同，但總會有一種讓我們感到舒適和滿足的選擇，看電影、閱讀、做 SPA、畫畫、聽音樂會……只要能給我們帶來超強滿足感的事物，都能有效幫助我們增加情感精力。因為快樂是維持最佳表現、讓情緒恢復的重要資源。當然在做任何事情時，我們都要全情地投入，安心地享受當下。

15 接受別人的共情，為何更容易釋懷？

深層次的交流
可以滋養情感精力

　　抑鬱情緒就像一條大黑狗，在生活路上難免會與它不期而遇。我還記起自己陷入抑鬱情緒的那些感受，真是不堪回首。

　　這裏需要說明的是，抑鬱情緒並不是抑鬱症。抑鬱情緒是一種常見的情感成分，每個人都可能會出現，特別遇到精神壓力和挫折情況下，可謂事出有因；抑鬱症是一種病理心理性抑鬱障礙，通常無緣無故地產生，即使沒有客觀精神應激的條件也會抑鬱。抑鬱情緒可以通過自我調節緩解，而抑鬱症則要通過藥物和特殊的醫學治療方式才能緩解。

滿滿的抑鬱情緒

　　我能夠從抑鬱情緒中走出來，得益於心理課的拍檔 Y 小姐。她比我年長 8 歲，生性樂觀，喜歡運動，具備強大的理性思維。陷入抑鬱情緒中的我，其實不太願意參加活動，意志力有減退的傾向，所以對心理課也產生一些抗拒。

　　某天，Y 小姐說：「明天能不能早點來？我給你準備了一份小禮物。」我回覆她說：「最近工作讓我極度疲倦，好像生活都不是自己的了，整個人也感覺很不好，明天的課我有點不想去。」

　　如果是其他人看到這樣的回覆，想必不會多說甚麼。可是，她直截了當地給了建議：「既然是這樣，那就更應該來了，每週一次的課是唯一可以保持的節奏！我等你。」

就這樣，我拖着疲倦無力的身心出現。心理課通常分兩部分，一部分是老師對理論和案例的分析，另一部分是拍檔之間的練習。整個環境氛圍很好，因為和你對話的人都有一定的心理學基礎，大都可以給予抱持和共情。

藉助這個機會，我把自己在工作上遇到的煩惱、不滿、委屈、憤怒都傾倒出來，情緒也有些失控，眼淚簌簌而下。平日活躍的 Y 小姐靜靜地聆聽着，不時給我遞紙巾。其實，如果是正常的心理諮詢，通常不會給來訪者建議，而是讓來訪者自己思考和決策。但我和 Y 小姐之間畢竟不是純粹的諮訪關係，還有同學、友誼的情感成分，她給了我可行性建議。

當時的我受抑鬱情緒影響，無法全然領悟她對我的處境的分析，以及她給我的忠告和建議。如今時過境遷，我才後知後覺，發現她是那麼通透。在那段日子裏，Y 小姐給我莫大的安慰與支持，也成了我每週走出封閉狀態的動力。

情感精力再生

一次次的深層次交流，滋養了我的情感精力，讓我的生活慢慢回歸到正軌。正因有這樣的體驗，我才更深刻地體會到，一段高品質的關係可以使精力再生。即使工作上遭受挫折、不被肯定，能跟朋友傾訴一下，也可以有效地化解這份壓力和苦惱，獲取一定的情感精力，讓自己更好地從負面情緒中走出來。

即使我們不定期地更新情感精力，生活中依然還有些超出情緒範圍的事件發生。面對這樣的情況，我們該怎麼辦？實際上，情感精力和體力有相似之處，如果一直停留在舒適區，負重能力只會停留在有限的範圍。所以，<u>在更新情感精力的同時，我們也要學會擴充情感容量，鍛煉情感能力</u>。我一直相信這句話——生活從來不會變得容易，如果它真的變容易了，也是因為我們的「心」變大了，能承受的東西比過去的更多。

怎樣跳出「一談作業雞飛狗跳」的困境？

16 去情緒化管教，激發積極的情感

對現今的成年人來說，尤其是為人父母者，管教子女絕對是耗損精力的第一大事。對孩子愈上心的父母，情緒上的波動愈明顯，對孩子犯錯的容忍度也愈低，動不動會來一場情緒「大爆炸」，既傷害孩子，也消耗了自己。

女友 Y 生有兩個男孩，大寶上小學二年級，二寶剛滿 3 歲。Y 每天要處理煩瑣的工作，免不了受委屈，耗損她大半的心力，回到家還要輔導大寶的功課，偏偏大寶又貪玩、做事拖拉，結果引發 Y 情緒失控，衝着大寶嘶吼，急了還會推他幾下。

看着大寶臉上掛着眼淚寫作業，冷靜下來的 Y 心裏不是味兒，總覺得對不起孩子。因為她知道，這些情緒並不是衝着大寶來的，就如一句話所言：「我們對生活勃然大怒，卻轉身吼向自己的孩子。」雖然內心的感受複雜、矛盾，但當下次遇到類似的情況，她會重蹈覆轍。

白天處理工作，晚上照料孩子，大量的負面情緒充斥 Y 的心裏，幾乎要把她的精力消磨殆盡。工作不能放棄，Y 目前迫切地想扭轉的是親子關係，希望能在孩子出現行為問題時，自己可以控制脾氣，做一個「理性媽媽」。

父母與孩子建立情感聯結

很多時候，父母對孩子發脾氣，不是因為孩子做錯了甚麼，即使孩子真的出現行為上的偏差，那也是成長必經之路；真正的原因在於，父母藉孩子發洩自己在工作、社交等的壓力，而孩子身上的問題，不過是父母發脾氣的導火線罷了。

對此，我想推薦教育家、兒童精神病學家丹尼爾·西格爾（Daniel J. Siegel）的《去情緒化管教》中的一些理念。他在書中提到──當父母沉浸在自己的情緒時，是很難共情孩子，更多的是向孩子施壓，讓孩子在哭泣和難過中遵從父母的意願。然而，這真的是管教嗎？

不！管教的實質，不是吼叫或訓斥，而是「教」。我們該如何教導孩子呢？第一，做正確的事；第二，培養自控力與道德判斷能力。實現這兩個管教目的之途徑，是在充滿愛與尊重的前提下，設立清晰一致的行為界限。簡而言之，就是情感聯結與理性引導。

事實上，只有父母不帶情緒去面對孩子，才能設身處地地理解孩子，減少矛盾和衝突，與孩子建立情感聯結；也只有讓孩子感受到，我們所做的每件事都是從愛和關心的角度出發，並讓他們切身地感受這點，才能讓他們發自內心地認同並接受教誨與建議。

但情感聯結並不意味着放任與縱容，而是要對行為設定明晰的界限，讓孩子清楚地知道：甚麼是對的，甚麼是錯的；甚麼事可以做，甚麼事不能做。這樣做的目的，是讓他們在未來的生活中可以獨立地解決問題，找到預見性和安全感。

可行的理性引導

關於理性引導，這裏介紹一些切實可行的方法。

1. 就事論事，不要習慣性地責備。

孩子犯錯後，指出來是必要的，但切記就事論事，冷靜地看待問題的產生。哪怕孩子之前犯過類似的錯誤，也不要上來就責備，沒有了解清楚就認為是孩子錯了，甚至上升到人格攻擊，這是不可取的，對孩子來說也不公平。

2. 保持客觀的態度，圍繞問題找解決辦法。

沒有人願意聽長篇大論，也沒有人喜歡被嘮叨；父母的苦口婆心不過是一廂情願地「為你好」，也是無謂的身心消耗，孩子根本聽不進去。出現問題，要保持客觀的態度，圍繞問題本身找解決辦法，這樣的做法也能讓孩子保持冷靜的狀態，認真思考自己存在的問題，找到解決的途徑，既簡單又高效。

3. 用有條件的肯定，表達反對的意思。

如果你必須拒絕孩子的某項請求，一定要重視說「不」的方式，直截了當地回絕，過於強硬讓人難以接受。如果處在叛逆期的孩子，很可能因此而引發親子間的爭吵與衝突。拒絕可以，請注意表達的方式。

4. 情緒爆炸之前，捫心三問。

情緒這個東西，有時很難依靠自制力來控制，如果在管教孩子的過程中感受到自己的負面情緒開始湧動，可以藉 10 秒鐘時間，問自己三個問題：

- 孩子為甚麼要這樣做？
- 我希望讓孩子明白甚麼道理？
- 我應該怎麼對孩子說？

當你開始思考「孩子為甚麼要這樣做」時，你已經開始嘗試站在孩子的視角想問題，這是共情的基礎。當你知道自己想要做甚麼，並想清楚用甚麼方式做時，就避免了傷人的口不擇言，以及無效的嘶吼。想清楚這三件事，管教孩子的問題基本上迎刃而解了。

保持正向的溝通，是激發積極情感的源泉。當你對身邊的人施加正面情緒，他感受到的是愛與尊重，回饋給你的結果自然傾向於好的一面。倘若每次遇到問題都能心平氣和地解決，那麼管教子女就不再是精力的消耗，反而成為一種情感精力的再生。

如果做不到完美，我們就永遠不夠好嗎？

17 摒棄完美主義，選擇最優主義

曾經一度，我把完美主義當成了一個「褒義詞」，認為它象徵着嚴謹自律，以及高標準。然而，這個「褒義詞」並沒有帶給我太多正向的體驗，反倒讓我一次次靠近崩潰的邊緣。

當一些事情沒有做好，或沒達到我預期的理想效果時，我會陷入懊惱和煩躁；我痛恨失敗，總在極力地避免這件事的發生，可無論怎麼努力，還是會與它不期而遇；我拼命地追求生命的完美，不想接受任何瑕疵，但生活中的障礙總是頻頻冒出，讓我產生了強烈的挫敗感，愈懷疑自己、否定自己。

正是這個原因，使我踏上自我探索與學習之路。我逐漸了解到完美主義與積極的正能量之間，根本不是等號的關係，像我那樣的情況其實是「消極的完美主義」。

消極完美主義者害怕不完美

「消極的完美主義」是這樣解釋的：「在心理學上，具有消極完美主義模式的人存在比較嚴重的不完美焦慮。他們做事猶豫不決，過度謹慎，害怕出錯，過分在意細節和講求計劃性。為了避免失敗，他們將目標和標準定得遠遠高出自己的實際能力。」

<u>消極的完美主義，最突出的特點不是追求完美，而是害怕不完美</u>。美國最具影響力的女性之一、《脆弱的力量》一書的作者布琳‧布朗（Brené Brown）認為，消極的完美主義並不是對完

美的合理追求，它更像一種思維方式 —— 如果我有個完美的外表，工作沒有任何差池，生活完美無瑕，那麼就能避免所有羞愧感、指責和來自他人的指點。

消極的完美主義給人帶來的直接影響是甚麼？對此，我的感觸有以下幾方面。

第一，很難着手做一件事，喜歡拖延，一想到中途可能遭遇失敗，就會選擇放棄。

第二，容許錯誤特別低，任何事情稍有瑕疵就全盤否定，陷入沮喪和自我懷疑中。

第三，反感他人的批判與挑剔，一聽到反對意見，情緒就會產生波動。

我們應該可以想像得到，當一個人陷入這樣的狀態時，會產生多麼嚴重的精神內耗。哲學家伏爾泰（Voltaire）曾經說過：「完美是優秀的敵人。追求卓越沒有錯，但是苛求完美會帶來麻煩，消耗精力，浪費時間。」事實的確如此，這個世界本就不存在絕對的完美，任何事物都有瑕疵，與其苛求完美，徒耗精力，不如學會走出消極的完美主義誤區。

當個積極完美主義者

如果你也有類似的感觸，那麼一定很想知道，怎樣才能從消極的完美主義中走出來？

首先要說，對自己有高要求、設立高標準並不是錯，畢竟人要不斷地邁出舒適區，才能拓展更強的能力。如果無法完成預先設定的目標，該怎麼處理呢？這是一個關鍵的問題，也是一個重要的思維方式。

消極的完美主義者，僅憑目標的完成情況來評價自身價值，思維比較僵化。不僅設立的標準高，且一旦達不到標準，就會強

烈地自責。社會心理學家弗洛姆（Erich Fromm）在其著作《自我的追尋》中寫道：「如果一個人感到他自身的價值，主要不是由他所具有的人之特性所構成，而是由一個條件不斷變化的競爭市場所決定；那麼，他的自尊心必然是靠不住的。」在這樣的前提下，消極的完美主義者必然會感受到更大的壓力，出現更多的負面情緒。

與之相對應，也是我們要效仿的，是<u>積極的完美主義者</u>的做法──同樣面對上述情況，<u>他們會給予自己更大的空間進行調整。實現目標之後，他們也會獲得成就感和滿足感。</u>因此，這種完美主義也被稱為「最優主義」。

以作家村上春樹為例，他說自己無論狀態好不好，每天會寫4,000 字。如果實在沒有靈感，就寫寫眼前的風景。即使寫得不好，但還有修改的機會和空間，一鼓作氣寫完第一稿，就是為了給後面的修改提供基礎，最糟糕的是沒有內容可修改。

這就是「最優主義者」在現實中的呈現，不是沒有更高的追求和期待，而是不被「害怕不完美」的想法束縛；同時，也沒有陷入極端思維中，認為稍不完美就是失敗。那麼，對於芸芸眾生中的我們，怎樣才能朝著「最優主義者」靠近呢？

哈佛大學積極心理學與領袖心理學講授者泰・本・沙哈爾博士（Tal Ben-Shahar）提出 3「P」理論。

Permission ── 允許

接受失敗和負面情緒是人生的一部分，我們要制定符合現實的目標，採用「足夠好」的思維模式。不必要求自己非得達到符合 60 分的標準，就要給自己一些鼓勵和認可，不必非得達到100 分的標準，才認為是好的。

Positive ──積極

看事物的時候，我們要多尋找它的積極面。即使是失敗，也

要把它當成一個學習的機會，看看是否能夠從中學到甚麼。

Perspective ── 視角

心理成熟的人，具備一項很重要的能力，就是願意改變看待問題的視角。你不妨問問自己：「一年後、五年後、十年後，這件事還這麼重要嗎？」當我們試着從人生的大格局來看待問題，視角變大，能夠看到一個更寬闊的視野。

不要再為不完美的瑕疵為難自己了，我們對事情的主觀解釋就決定了它們在我們眼中所呈現的樣子。很多時候，對失敗的恐慌和極度反感，很容易讓我們的人生陷入困境；從容地接受不完美，試着利用失敗，反倒更能靠近想要的目標。

崩潰的背後，有多少災難化思維在作祟？

18 覺察不合理信念，減少身心消耗

負面情緒對精力的耗損毋庸贅述，想要降低負面情緒出現的頻次，要從根源着手。人的情緒與思維模式、信念有關，同一件事，不同的人有不同的看法，會產生不同的情緒反應。一旦有了不合理的信念，會滋生負面情緒。所以，我們想要調節情緒，就要修正面向情緒背後隱藏的不合理信念。

不合理信念的消極思考

甚麼是不合理信念呢？簡單來說，就是以扭曲、消極的方式進行思考。20 世紀 70 年代，美國心理學家阿爾伯特·艾利斯（Albert Ellis）開始研究人們的不合理信念，並把不合理信念歸納為三大類 —— 絕對化要求、過分化概括、糟糕至極。

絕對化要求

這是指個人以自我為中心，眼裏只能看到自己的目的和欲望，對事物發生或不發生懷有確定的信念，而忽略了現實性。

最典型的例子就是：「我對你好，你就應該對我好！你得按照我的想法和喜好來行事，否則我就會不高興，也難以接受和適應。」可想而知，這是一種絕對化要求，太過理想化，甚至有一廂情願的意味。畢竟，每一個客觀事物都有其自身的發展規律，不可能以個人的意志為轉移。周圍的人或事物的表現和發展，也

不可能依照我們的喜好和意願來變化。如果陷入了這樣的執念中，就很容易滋生負面情緒。

過分化概括

這是指以某一件或某幾件事情來評價自身或他人的整體價值，是一種以偏概全的不合理的思維方式。比如：有些人遭遇了一次失敗，就認為自己「一無是處」、「甚麼也做不好」，這種片面的自我否定通常會導致自責自罪、自卑自棄的心理，同時引發抑鬱、焦慮等情緒。一旦把這種評價轉向他人，就會指責別人，產生憤怒和敵意的情緒。

顯然，這些想法太過極端，沒有以辯證的眼光去看待人和事。一個事物的整體價值需要從整體評判，不能只從某一個或幾個角度就下論斷。

糟糕至極

這是指把事物的可能後果主觀想像、推論到十分可怕、糟糕的境地，認為某件不好的事情一定會發生，並導致災難性的後果，從而產生擔憂、恐懼、自責和羞愧的心理。

比如：一次體檢發現血脂有點高，就變得心神不寧，上網搜索高血脂會引發的問題，想到自己得了這些病會如何？將來該怎麼辦？伴侶會不會嫌棄自己？自己的病會不會拖累孩子？結果，愈想愈害怕，焦慮得讓自己都感到要窒息。

這種想法是非理性的，因為對任何一件事情來說，都有比之更壞的情況發生，沒有一件事可以被定義為糟糕至極。若非要堅持這種「災難化」的想法，就會陷入到不良情緒中，甚至一蹶不振。我們要嘗試去看事物的其他可能性，最壞的結果有可能發生，但最好的結果和其他的結果同樣也有可能發生，最壞的結果只佔很小的概率罷了。同時，我們也不能低估自己的應對能力，很多時候我們的身體和生命的韌性，遠比想像中要強大。

改變不合理信念

人的精力都是有限的，經常被不合理的信念包裹，是一種無謂的消耗。如果我們產生了不合理信念，並受到其困擾，可以借鑑艾利斯提出的 ABCDE 模式，說明自己從改變信念入手，從而改變行為。

A：誘發事件

B：信念

C：結果

D：駁斥

E：交換

Step❶：梳理誘發事件（A），即任何引起緊張的情形 —— 合作方對我的新方案提出了修改意見。

Step❷：整理出由該事件帶來的信念（B），即如何評價誘發事件 —— 我的腦子裏冒出一個想法，也許是我的能力有限。

Step❸：評估結果（C），即消極信念導致的消極行為，會帶來甚麼樣的結果 —— 我覺得自己不夠好，思維不夠靈活，可能也不太符合他們的要求。也許，我應該主動提出取消這次合作，以免太被動。

Step❹：駁斥（D），積極駁斥那些非理性信念 —— 在整個溝通的過程中，他的態度很誠懇，也認可了我的一些想法，他應該是不太喜歡這種表述方式，而不是在質疑我的能力。

Step❺：交換（E），由理性信念帶來的積極的新行為結果 —— 我要打破現在的風格，重新尋找切入點，重做一份方案。

你看，事情本身並沒有發生任何變化，但是我們改變了看待它的方式，就能產生不一樣的影響。如果能夠及時覺察出自己想法中不合理的成分，及時進行調整，可以有效地幫助我們阻斷負面情緒的產生，繼而減少身心上的無謂消耗。

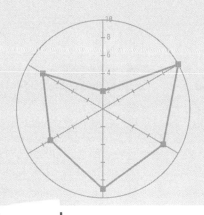

Chapter 04

平衡課

壓力釋放
VS
精力恢復

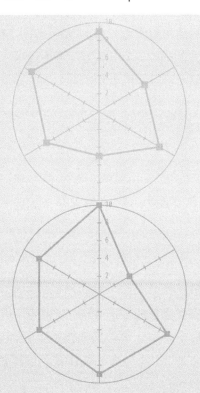

19

壓力是一種自然
而必要的痛苦

壓力與我們的生活息息相關，幾乎每個人都有「壓力很大」的體驗，那麼這個經常被我們掛在嘴邊、體驗在心間的壓力，究竟是甚麼？它是怎麼產生的？壓力有沒有其他的價值和意義？

其實，壓力一詞主要用於物理學，後來被加拿大學者漢斯·塞爾耶（Hans Selye）用於醫學領域。他告訴我們，身體對心理壓力的反應，與身體對傳染或傷害的反應，有眾多的相似之處。他在其著作《生活中的壓力》（*The Stress of Life*）中使用了「一般適應綜合症」的提法，指出無論是哪種威脅，身體會以「一般適應綜合症」的方式，調動身體的防禦來抵擋威脅。

一般適應綜合症三階段

對於指定個體而言，每個人都有或強或弱的一般適應綜合症，有不同的適應能力。通常來說，一般適應綜合症分為三個階段。

預警階段

第一階段屬於刺激階段，當我們感受到壓力刺激，也就是那些促使我們必須要做反應的事件時，身體受到了真正意義上的衝擊。此時，身體會努力適應破壞機體平衡的新狀況，這種痛苦的狀態會持續數分鐘至 24 小時。緊接我們的機體會恢復，並調動

體內的主動防禦機制。這種由體內自主神經反應與內分泌系統反應引起的短期緊急反應，被稱為交感神經反應。這種反應和控制生命活動的神經中樞下丘腦有直接關係，下丘腦通過交感神經系統刺激腎上腺髓質，促使腎上腺素和去甲腎上腺素的分泌，繼而提高動脈血壓，加快心率和呼吸頻率，增加血糖含量；同時分解糖原與脂肪來聚集能量，為肌肉提供充足的能量。

抵抗階段

這是一個反刺激階段，指的是壓力引起的長期存在的反應。在這階段，我們的機體進行自我調控，促使身體資源重新恢復平衡狀態。機體在預警階段已經耗損了大量的能量，這個階段就是要補充失去的能量。此時，下丘腦、腦垂體和腎上腺軸重新被調動，分泌促腎上腺皮質激素釋放激素，然後垂體前葉分泌促腎上腺皮質激素。血液中含有的促腎上腺皮質激素，可以調節腎上腺皮質分泌鹽皮質類固醇，以及糖皮質激素，它們會提高血糖含量。大量的糖皮質激素對免疫系統產生抑制作用，減少身體在面對組織損害時的反應。

簡單來説，在這個階段，我們的身體能量被充分調動，對壓力的抵抗處於高水準，但這種抵抗是以消耗能量為代價。如果遭遇新的壓力，身體的應對能力就會被削弱。倘若壓力持續，個體的能量最終會被耗盡，引致一般適應綜合症第三階段。

衰竭階段

如果壓力長時間存在，適應環境的需求持續，總會有某個時刻，我們的機體無法繼續供給所需的能量，也無法補充消耗的能量，免疫功能的減弱導致機體對新的外界刺激變得更加敏感，進而感到疲乏，從而引發生理和心理上的一系列不良後果，腫瘤和退行性病變也可能隨之而來。當機體一直被迫超運轉，達到生理極限時，就會衰竭。換而言之，機體的適應資本是有限的，每個應激反應都會消耗給個體的適應資本。

壓力不總是壞

看完上述的一般適應綜合症三個階段，不知道你是否對壓力有了全新的認識？

坦白說，沒有人喜歡壓力，可壓力又是不可或缺的。我們在生活中不可能避免這種緊張狀態，因為緊張是身體對外界強加給自身的刺激的應激反應。一定程度的緊張，對於我們的生存是有幫助的。有個關於沙丁魚的例子，或許可以很好地解釋這點。

人們在海上捕到沙丁魚後，如果能讓牠們活着抵達港口，價格會比死的沙丁魚價格高出好幾倍。然而，由於路途遙遠，環境不佳，沙丁魚往往在運輸途中死掉，能把牠們活着運回來的人少之又少。不過，有一艘漁船幾乎每次都能成功地帶回活着的沙丁魚，船長自然賺了不少錢。有人詢問船長，到底有甚麼秘訣？可他總是避而不答，一直嚴守着秘密。直到船長死後，人們意外地發現，他在魚艙裏放了一條活鯰魚。

鯰魚來到了一個不熟悉的環境，會四處游動。面對這樣一個異類，沙丁魚會感到不安，在危機感的支配下，牠們會緊張地不停地游動。在危機和運動的雙重影響下，沙丁魚最大限度地調動了生命的潛能，因此能夠活着回到港口。

所以說，壓力不總是壞，一定程度的壓力是自然且必要的，只是超過了一定的界限（因人而異，沒有固定標準），壓力就會變得危險或致命。畢竟，我們無法逃離現實生活，為了應對刺激，身體會反覆過量地分泌激素，導致機體過度耗損，從而產生各種身心疾病。

為甚麼有些人不敢讓自己「放鬆」？

20 警惕壓力成癮，防止身心被掏空

突發的壓力對我們的身心傷害是巨大的，但在現實中發生的概率和頻次並不特別高，相反更容易被人忽視且可怕的是慢性壓力，以及壓力上癮。

被工作壓力虛耗身體

G 是我認識多年的朋友，一位平日很陽光的男士，有點樂天派的味道。

他曾在一家雜誌社做採編，業務和文筆都很出色，也深得上司器重，但幾年前，他突然離職從事行政工作。說起自己「轉行」的抉擇，他的解釋很簡單，可那些話卻讓人覺得意味深長：「有一天夜裏，我加班寫稿，寫着寫着突然想從樓上跳下去……我知道，不能再這麼下去了。」

聽 G 說完這話，我並沒有感到特別震驚，因為大部分的職場人都背負着壓力過活，當壓力像慢性病一樣潛伏在身體裏，身體所需的非緊急功能日漸耗損，最終的結果就是崩潰。我自己也不例外，在成為自由職業者之前的那年，我的身心狀態也到了極限。

那時的我，在一家文化公司當策劃，我每週處理 2-3 個策劃方案，還要負責編審其他稿件，工作性質屬於嚴重「燒腦」的。

起初兩三個月，我還勉強能接受，但半年之後，一系列的「症狀」就冒了出來。

我經常感到心跳加速，甚至有喘不上氣的感覺；我的消化系統也變得十分脆弱，吃的東西不太能消化，經常便秘。更糟糕的是睡眠，通常到午夜 12 時 -1 時才上床，但真正入睡可能要到凌晨 2、3 時，睡不了一會天就亮了，還要爬起來應對第二天的工作⋯⋯那一年，我的體重增加了，但明顯感覺是虛胖和水腫，因為身體的免疫系統受到削弱，感冒成了家常便飯。

也許是因為年輕，也許是因為懂得太少，我只是知道自己難受，卻不知道怎樣緩解這份難受；原本喜歡的工作，成了赤裸裸的折磨，思路變得越來越不清晰，效率也開始下降。我的情緒波動特別大，要麼懶得說話、悶頭不語，要麼點火就着、易爆易怒。

壓力成癮的摧殘

你可能會說：這麼累了，為甚麼不休息？是啊！這恰恰是問題所在。明明已經支撐不住，還要咬着牙硬扛，到了週末，竟然也不敢停止工作，甚至心裏還會對「放鬆」這種行為產生罪惡感。偶爾也會冒出「辭職」的念頭，可想到老闆對自己的器重，又覺得不能這樣做（現在想來，大抵是因為很享受「被需要」的感覺，來體現自身的價值）。現在想來，大概當時已經出現了「壓力成癮」的徵兆，而當時的我卻毫不自知。

如果你也有類似的經歷，或此刻正陷入這種困境中，那麼我真誠地提醒你 —— 被埋沒於重重任務之重不能自拔，是典型的壓力成癮。壓力成癮後，帶給我們的是低下的效率、無節制的生活習慣、煩悶的心情，以及越來越糟的身體狀況。

怎樣處理壓力成癮？最好的辦法就是及時剎車，補充精力。

　　飽受慢性壓力摧殘的我，終於在一個失眠夜裏，在心率過速、呼吸急促的狀況下，給老闆發了一封辭職信。我強烈地感受到，這種狀態無法從短暫的休假中獲得解脫，我需要的是徹底放空，並為自己充電。幾年來高強度的腦力輸出，已經榨乾了我所有的想法和激情，我無力再去支撐那份需要創意的工作。

　　之後，我休息了半年左右，利用這段時間做了三件重要的事——第一，調理身體和生活作息；第二，讀書、看電影、做筆記，為頭腦充電；第三，重新規劃自己的職業生涯。半年後，我選擇當自由職業者，承接自己擅長的專案和內容，自主安排工作計劃與進度，避免因過量的工作或過強的挑戰，讓精力消耗殆盡。

　　現在回想起那段經歷，我依舊不寒而慄。如果可以，我真希望自己早點認識到——每個人的精力都有限，壓力愈大，精力消耗得愈快。<u>當感到不堪重負的時候，我們要及時剎車，為自己尋找能量來源，</u>而不是坐等身心被掏空。

壓力大的時候，吃一頓就好了嗎？

錯誤的減壓方式，
只會適得其反

　　正準備考試的 W 小姐，因為課業壓力重，給自己買了一本黑白畫集塗色書。她在網上聽有人推薦，說這種塗色書可以放空大腦、緩解壓力，甚至重新找回童年的樂趣。

　　W 小姐晚上複習完功課，就開始專注地塗色，一直塗到凌晨 1 時多才睡覺。第二天早晨，她卻感覺頭暈眼花，還伴有噁心，走路竟然歪歪斜斜的，躺了一上午也沒能緩解。

　　內心不安的她，跑到了耳鼻喉科，醫生說她是耳石移位！醫生解釋說，這種情況是由於頭部迅速運動至某特定頭位時，出現的短暫陣發性發作的眩暈和眼震。常見的誘因主要有兩種 —— 頭部外傷；長時間低頭導致耳部缺血，引發內耳迴圈障礙。

　　她仔細回想，才發覺大概是那本塗色書的問題，因為從複習完後她一直低着頭塗色。其實，塗色書在一定程度上的確有放鬆減壓的作用，但這種作用的強弱因人而異，這與性格、愛好、使用方式有關，不一定適合所有人。特別是長時間的低頭，並不是一件好事，很可能減壓不成，反倒讓身體出問題。另外，在塗畫上投入太多時間，對心理健康也可能造成反效果。

精力管理

錯誤的緩解方式

透過這件事，我希望傳達一個理念——能夠覺察到壓力，並且主動尋找解壓方法，避免放任其愈演愈烈，是對自己負責任的表現。但是，平衡壓力需要講究方式方法，如果用了錯誤的方式緩解，也許掉進另一個深淵。

錯誤方式 1：令人放縱或成癮的事物

有一點我們要知道，任何能夠引起快感的事物，都能夠暫時地緩解壓力，比如酒精、香煙、毒品、性慾。但是，這些東西會讓人放縱或成癮，也許在享受這些事物的當下，壓力暫時消失了，可根本的問題並未解決，「清醒」過後一切都會恢復原樣。

錯誤方式 2：利用暴飲暴食減壓

大腦在處理壓力和焦慮時的耗能特別大，這種腦力消耗會讓人食慾大增。所以，在深感壓力的時候，人往往都喜歡吃高熱量、高糖分的食物。這些食物進入人體後，會刺激大腦分泌多巴胺，這是一種令人愉悅和亢奮的神經遞質，可以有效地緩解壓力。

如果壓力和焦慮一直持續，我們會對高油、高糖類的食物產生依賴，原來可能吃一塊忌廉蛋糕就能「解決」的煩惱，慢慢可能增加到兩塊才能實現。可吃了這些東西，真能徹底解決問題嗎？當然不能！多數人都會在暴食後感到懊悔和自責，吃的那一刻生理上得到滿足，可壓力絲毫未減少，甚至還得背負暴食引發疾病、暴食導致肥胖的心理負擔，得不償失。

錯誤方式 3：拖延面對情緒壓力的時間

講述一段我的親身體驗：接到了一個很有挑戰的選題時，我

的內心會瞬間萌生緊張和壓力，因為不確定自己是否能夠順利地完成。然後，我會想着找尋相關的課題多學習了解，這個過程大概持續了兩三天；接着，我可能去書店、咖啡館遊蕩一天。可是，在做這些事情的時候，我內心很煎熬，甚至很煩躁，一點兒都不開心，也沒有沉浸在當下。因為，我惦記着那個選題，我的煩躁不安也來自不確定能否應對這個挑戰。更重要的是，幾天的時間過去了，我甚麼也沒有做。

我知道發生了甚麼，所以我會鄭重地提醒自己 —— 不要再拖延了，沒用的，該面對的還是要面對！當我停止了胡思亂想，把心思全情投入到選題策劃中時，焦慮感大幅下降，而我也開始無比珍惜時間，不再做任何無謂的拖延。

拖延可以暫時讓我們逃避不想面對的事物，但問題從未消失，愈往後拖壓力愈大，無力感愈強。所以，<u>該做甚麼趕緊去做，拖延是最糟糕的選擇，</u>除了浪費時間，讓我們埋怨自己，再無其他作用。

錯誤方式 4：用長期的健康換取短期的休息

你有沒有過這樣的想法 —— 待我忙完這個月、這半年、這一年，我就徹底休假？然後，繼續投入高壓的狀態中，用那個獎勵式的假期望梅止渴，讓自己咬牙堅持下去！

客觀來講，這並不是一個明智的選擇。如果隔一週休息一下，並覺得身心愉悅，那就說明我們的精力得到了很好的恢復。如果隔一兩個月才休息一下，這短暫的休息無法緩解多日積累的壓力，且痛苦的是休假後要重返工作崗位，重回高壓狀態，這會讓我們吃不消。況且，這種方式是用長期的健康換取短期的休息，屬於嚴重的透支。

如果你曾想過藉助上述這些錯誤的方式來減壓，那麼是時候叫停了！這些方法只能暫時緩解壓力，卻無法給我們帶來真正的放鬆和自由。

怎樣才是正確減壓的方式？

22 找到壓力源，了解壓力誘因

既然錯誤的減壓方法幫不了我們，那減壓的正確方式是甚麼呢？

第一件事：找到壓力源

幾乎所有的壓力，都是對自尊和自我的一種威脅。換言之，它存在於我們的腦海中，而我們對壓力事件的評估也是主觀的。2012 年，國外心理研究機構定義了心理壓力的四種主要成分，也就是壓力源，即挫敗、矛盾、變化、壓迫感。

1. **挫敗** —— 就是阻礙我們實現自我需求和目標的事件，包括外部和內部兩種。外部的挫敗源，如意外事故、事業發展不順、喪失、傷害性的人際關係等；內部的挫敗源，包括身體障礙、缺少自信、基本技能不足，以及其他自己設置的阻礙目標實現的障礙。

2. **矛盾** —— 就是個體在有目的的行為活動中，存在兩個或兩個以上相反或相互排斥的動機時所產生的矛盾的心理狀態。從衝突的形式上來說，矛盾可以分為以下四類：

I. 雙趨衝突：魚和熊掌不可兼得

兩件事物對我們都有吸引力，但又不可兼得，很難做出抉擇。最常見的情況是，兩份不錯的工作放在眼前，捨棄哪個都覺得可惜；兩個心儀的物件只能選擇其一，內心很糾結。

II. 雙避衝突：兩難中必須選一個

兩件事情都不喜歡，兩種結果都不想要，但迫於無奈必須選擇其中一個。這種矛盾是最令人不悅，也是壓力最大的。比如：在失業和不喜歡的工作之間，選擇其中一個；患了某種疾病，既不願意長期服藥，也不想動手術。

III. 趨避衝突：每個選擇都有利弊

兩個目標只能選擇一個，但每個目標都有利弊，有利的方面吸引着你，有弊的方面令你排斥，怎麼選都要有所妥協。比如：一份待遇很高、頗具挑戰性的工作放在眼前，你希望藉助這個機會獲得更大的進步與提升；但這份工作需要長期出差，而舟車勞頓、在外吃住是你最不喜歡的生活方式。

IV. 雙重趨避衝突：左右為難不好取捨

這是雙避衝突與雙趨衝突的複合形式，也可能是兩種趨避衝突的複合形式。簡單來説，就是對個體而言，兩個目標或情境，同時有利又有弊，當事人會感到左右為難。比如：在挑選工作時，一份工作待遇高，社會地位也高，可惜離家特別遠；另一份工作待遇普通、社會地位不高，但每天可以步行上下班，面對這樣的情況，我們很難做出抉擇。

無論是哪一種衝突模式，最重要的是我們對生活方式的選擇，是想過自己喜歡的生活，還是按照別人的期望生活？想通了這一點，再做抉擇或許會容易一些。

3. **變化** —— 當生活、工作、人際關係出現了變動，需要我們重新調整適應環境時，壓力就會產生，哪怕這些變化是積極的、正向的。比如，剛剛換了新工作，又搬了新居，還要準備結婚，其中的任何一個變化都會帶來壓力，加在一起壓力就會更強烈。

4. **壓迫感** —— 就是渴望按照某種方式生活，且期望很高，不斷給自己施加壓力，甚至對自己提出極其苛刻的要求。然而，對於自己當下所做的、擁有的東西，卻沒有

認真感受，也不曾感到滿足。如果你陷入這樣的情境就要思考一下：你腦子裏的想法，是否切合實際？你是否讓自己超負荷了？步步緊逼自己到底是為了甚麼？

第二件事：了解壓力誘因

找到壓力源是緩解壓力最直接的辦法，但是想要真正地平衡壓力，避免讓自己滑到崩潰邊緣，還要了解壓力誘因，即甚麼容易讓我們產生壓力？我們可以試着從以下幾個問題入手，對自己的壓力誘因做一個判斷。

1. 甚麼會讓我們產生壓力？在甚麼樣的場合會產生？
2. 當我們陷入壓力狀態時，是在阻止甚麼情況發生？
3. 我們用甚麼方式來應對壓力？
4. 當有壓力時，我們體驗到甚麼樣的情緒？我們腦子有哪些想法？
5. 我們把壓力藏在身體哪個部位？
6. 我們處於壓力的狀態會持續多久？

過去很長一段時間，拒絕他人的請求會讓我產生壓力，特別在專案合作方面。當甲方負責人額外提出某些請求時，我會立刻感到憤怒、煩惱的情緒，但我又不知該用甚麼樣的方式回絕。這種壓力好像卡在我的喉嚨裏，所以那些年我經常會着急上火、喉嚨發痛，就像有話説不出的壓抑。當時的我，處理壓力的方式就是硬着頭皮死扛，靠高熱量食物「續命」。

慶幸的是，我後來學會從一開始避免讓自己陷入壓力漩渦，比如，在啟動專案之初，做好充分準備；提醒甲方，有需要補充的內容和請求，盡量在專案未截止前提出；當項目完成後，設定修訂與調整的次數限制。如果對方的請求讓自己感到為難，不必強逞，明確表達自己的難處及客觀條件的限制。

每個人的成長經歷不同，所處的境遇不同，所以壓力誘因也不一樣。於我而言，可能是因為不好意思拒絕別人而陷入壓力之中，我在潛意識害怕這種做法會傷害到對方；於他人而言，可能是因為害怕犯錯而陷入壓力狀態中，因為他的潛意識裏殘留着成長過程中的不愉快經歷，讓他認為犯錯是一件很尷尬、很可恥的事。

　　說來說去，受到威脅的是我們的想法、我們的自尊，而不是我們的人生。只是，我們的大腦分不清楚它們有甚麼區別。只有了解我們的壓力誘因，知道甚麼東西會讓自己產生壓力，才有可能，也更容易找到解決問題之道。

23 壓力來襲時，如何快速自我安撫？
有效釋放壓力的三個練習

當我們意識到自己陷入了壓力狀態時，該怎麼做才能停止壓力、安撫自己？

以下介紹三個小練習，希望有助大家釋放壓力。

解壓練習 1：停下手中的事，進行自我問答

1. 停下手中的事

當我們感覺心神不安、內心被壓力填滿時，先把手邊的事情停下來。短暫的停歇，不會給我們造成太大的影響；相反，若帶着壓力勉強硬撐，才是費神費時又費力。

2. 直接面對壓力狀態

停下來之後，我們要直接面對壓力。所謂直接面對，就是不抗拒這種狀態，承認自己正處於壓力中。如果我們不承認它，甚至討厭自己這種狀態，認為它不應該出現，不僅於事無補，還會造成進一步的心力耗損。

3. 進行自我對話

我們可以捫心自問：「我到底在怕甚麼？」通常來說，有壓力是因為我們的潛意識存在恐懼，這種恐懼跟成長經歷有關，它可能是害怕犯錯、害怕能力不足、害怕孤獨、害怕失控、害怕不被愛、害怕失去地位等。

4. 理性分析想法

對於上述的恐懼情緒，我們可以認真分析一下，它合乎情理

嗎？比如，那項任務是不是很有挑戰性？或者難度很大？如果沒有做好，我們會被辭退嗎？公司其他同事出現類似情況時，老闆通常怎麼處理？藉此評判一下，我們是否誇大了這件事可能帶來的後果。

5. 設想最糟的結果

假如我們設想最糟糕的結果出現了，老闆真的認為我們能力不行，把我們辭退了，我們的人生會不會因此變得一塌糊塗？我們這輩子是不是再無法找到一份新工作？

6. 思考解決辦法

做好最壞的打算後，我們不妨思考一下：可以做甚麼解決這個問題，並且能夠徹底放下？可能我們會想到尋求同事的說明、查詢更多的資料、向老闆申請多點時間……當我們內心冒出這些可行性措施後，壓力也會隨之減輕。

解壓練習 2：與身體對話，讓它恢復平靜

當我們感受壓力時，身體往往出現一系列反應，如心跳加速、身體緊張、血壓升高、失眠、消化不良、無法放鬆等。這個時候，我們要和身體進行一場精神對話，讓它慢慢平靜下來。別懷疑身體的本領，它的自主神經系統的控制能力遠比我們想像中強大。

Step❶：用腹部進行深呼吸，吸氣和呼吸時要屏住幾秒鐘。

Step❷：屏氣的時候，試着讓身體放鬆。

Step❸：與身體進行對話，讓它平靜下來，並想像着它已經恢復了平靜。然後，把手放在胸口，在心裏默默地對自己說：「很好，你現在可以冷靜下來了。」

Step❹：想像着你的心跳速度正在慢慢減緩，伴隨着你的呼吸，開始逐漸恢復正常。在心裏默默地告訴自己：「你現在甚麼都不用做，只要放鬆，你可以做到。」

Step❺：你可以把自己的身體想像成孩子，用充滿愛與關懷的口吻對它說：「我知道你累了，你很辛苦，休息一下吧！別怕，你現在很安全。」

Step❻：練習約 5 分鐘，感受身體的變化。

解壓練習 3：寫作療癒，列出困擾你的事

當壓力襲來時，我們的頭腦往往會有些混亂，理不清思緒。這個時候，如果我們能夠把腦子的想法寫下來，並列出問題清單，往往可以減輕部分壓力，梳理出解決問題的辦法。

Step❶：準備一張紙、一支筆，把腦裏冒出來的各種想法逐一寫下來。

Step❷：看看所列的事項中，哪些是讓我們擔憂的，哪些是需要做的，哪些問題對我們提出了挑戰，哪些人是我們想要溝通的，哪些人是我們不想看見和面對的。

Step❸：一直寫，直到沒有可寫的內容時再停筆。

Step❹：完成後，把清單中最重要的東西標記出來，對其進行分類：第一類是我們當下有條件和能力完成的事項；第二類是我們目前無法完成或極具挑戰性的事項。

Step❺：重新拿一張白紙，分成兩欄，將上述兩類事項各佔一欄。

Step❻：對有條件和能力完成的事項，列出可採取的行動。

Step❼：對暫時無法完成的事項，列出所存在的問題並努力地解答。當我們列出了幾種可能性，問題的答案往往就快浮出水面。如果想不出來，我們可以嘗試求助可信任的人。

Step❽：當兩類事項的行動清單列出來後，我們可以做個時間規劃，逐一完成。

以上的幾種解壓方法，可以單獨使用，也可以結合使用，根據自己所需而定。

面對不確定的環境，怎樣減少精力耗損？

尊重內心的意願，
保持自己的節奏

2020 年年初全面爆發的新冠肺炎疫情，讓所有人猝不及防，也打亂了很多人的節奏，不能上班、不能上學，無法外出就餐，更無法參加聚會，過去習以為常的事情竟成了奢望，幾乎每個人都產生了某種感覺被剝奪的體驗。

面對外部環境的驟變，很多人產生了負面情緒 —— 不確定居家隔離何時結束；在家工作效率低；失業威脅擺在眼前……這些都讓人壓力倍增。在這樣的處境下，有些人的生活規律被打破，更無心維持運動的習慣。總之，很多人的生活一下子陷入了混亂中，節奏全無。

保持自己的生活節奏

我這個自由工作者，也不可避免地受到了影響 —— 作息時間被打亂，接着就是無法按部就班地寫稿，感覺一直在焦慮，卻又說不清楚究竟在焦慮甚麼。愈是想靜下心來做事，愈是感到焦躁和自責。這樣的日子持續了一個月左右，我的工作進度也停滯了一個月。我意識到再這麼下去會讓負面情緒和壓力爆破，之後我趕緊採取了補救措施。

第一步，接受現實，接受陷入混沌狀態中的自己。

第二步，花一週時間調整作息，前兩天早上 9-10 時起床，調整到 8 時半起床；中間三天調整到 8 時起床，後兩天調整到

7 時半起床，逐漸恢復和過去一樣。

第三步，從每天工作兩小時開始，逐漸增加工作時間，不求一定完成多少字數的工作量，力求坐在辦公桌前可以達到靜心的狀態。

第四步，由於我住在郊區，人流量很少，戶外運動相對安全；於是，我開始每天中午到樓下散步，或到郊外走 3-5 公里，恢復精力和體力。

10 天以後，我徹底從混沌的狀態中走出來。這個時候，疫情導致的居家隔離尚未結束，但我這個自由工作者已經恢復了和往常一樣的工作狀態，效率也開始大幅提升。由於沒有間斷運動，飲食也較規律，在不少人感歎疫情期間暴升的體重，我反而瘦了，整個人的精神狀態也不錯。

這件事對我的觸動還是很大的，<u>當外界的大環境不可控時，要降低壓力刺激，我們唯一能夠做的就是努力保持自己的節奏。</u>這個節奏沒有統一的標準，因人而異，重要的是讓自己保持相對穩定的狀態，在感到舒適的同時兼具創造力，且能夠實現日益精進的目標。

面對各式各樣的壓力時

新冠肺炎疫情是一場特殊的考驗，但即使沒有它，我們仍然面對其他各種壓力。

情況一：你剛準備啟動一個全新的專案，老闆卻把一份離職同事未完成的檔案交給你，巨大的壓力感瞬間襲來。一邊是自己制訂的計劃安排，一邊是老闆着急的催促，你很想兩者兼顧，可兩者都是耗費腦力的工作，時間和精力不允許你同時兼顧。

情況二：你希望自己能成為「凍齡女人」，靠運動和飲食保持好身材；你也希望自己在事業上有成就，一面努力工作，一面

為自己學習充電；你還希望多和朋友們聚會、聊天，拓展自己的人脈圈子；你更希望成為一個好母親，給予孩子高質素的陪伴……單獨執行其中一項，並不是太困難，可當它們疊加一起，卻變得無比艱辛。

情況三：你給自己設立了不少目標，每天不停地奔忙，希冀着成為一個優秀的人、一個值得信任的下屬，獲得周圍人的肯定與認可。然而，每次實現了目標，得到了誇獎後，那份短暫的快樂戛然而止，為了再次獲得別人的認可，你又開始了新的征程。

這樣的情形很多很多，無論是重大要緊的事件，還是繁雜瑣碎的小事，都會讓我們萌生壓力，對我們的身心造成損耗。對此，如果我們不能停下來聽聽自己內心的聲音，而是跟隨着外界的風吹草動而着急忙慌，那麼壓力永遠無法獲得平衡，只會加倍地遞增。

聆聽自己內心的感受

我很喜歡村上春樹的一段話：「不管其他人怎麼說，我都認為自己的感受才是正確的。無論別人怎麼看，我絕不打亂自己的節奏，喜歡的事自然可以堅持，不喜歡怎麼也長久不了。」這是多麼通透啊！外界的人和事，很難隨我們的意願變化，想在不確定中減少精力耗損，最可行的方式就是保持自己的節奏。

面對上面列舉的情形，可以這樣做。

情況一：你可以和老闆溝通，告知自己手裏的專案已經啟動，你非常重視這件事，並想把它做好。如果中途擱置，可能會影響效率和效果。至於離職同事那個未完成的案子，可否交給其他同事負責？如果實在需要自己介入，可以在處理完每日的既定工作後，給予必要的協助。

　　情況二：必須承認，我們只是普通人，時間有限、精力有限，事事都想做得完美，只會給自己徒增壓力。不必時刻苛責自己，一週保持 2-3 次運動，週末帶孩子和朋友小聚，已經不錯了。事業和家庭的兼顧，往往無法在同一時間進行，只能選擇階段性地傾向於某一方面：如果現階段孩子需要你，就拿出 50% 的精力給家庭，40% 的精力給事業，剩餘 10% 的精力用來完善自我；如果現階段家庭沒太多顧慮，就拿出 60% 精力拼事業，30% 的精力給家庭和生活，剩餘 10% 的精力來完善自我。

　　情況三：在設立目標的時候，認真思考一下：究竟是在追隨他人的腳步，渴望獲得他人的認可，還是遵從自己內心的聲音？你是在為別人的目光和想法而活，還是為自己希冀的人生而活？世間的萬事萬物都有自己的節奏，想讓自己活得不那麼緊張、焦躁，就要回歸自己的內心，找到自己的節奏，在舒適、健康與平和中實現自我成長。

　　在繁雜的生活中穿梭，我們時刻要面對不確定性，而壓力也如影隨行。在重重壓力面前，沒有絕對正確的生活方式，在不觸犯法律與道德底線的範圍內，無論好與壞，更多的是個人的主觀感受。想要痛快地體驗這場人生，就要學會尊重自己的真實意願，不讓速食時代與紛亂的世界擾亂我們的節奏。為了美好的將來而拼搏是一種節奏，享受簡單的快樂也是一種節奏；留在大城市負重前行是一種節奏，回歸到小城市感受慢生活也是一種節奏……未來的日子，願我們都找到適合自己的節奏，在不慌不忙中砥礪前行。

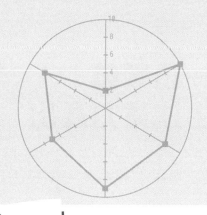

Chapter/05

思維課

保持專注樂觀，
間歇地轉變思維
頻道

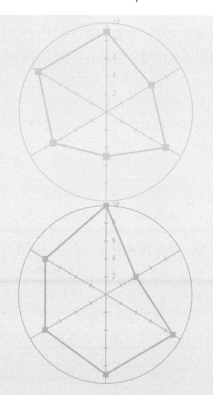

25 | 你的一切價值都是由注意力產出

Google 前設計倫理師特里斯坦‧哈里斯（Tristan Harris）曾在 TED 演講提到：「如果任何產品是免費的，那是因為有人在為你付費了，或者説為你的注意力付費。注意力究竟值多少錢？打個比方，你每打開一次網頁，背後都有一場競拍在進行，每天高達上億次。」

各種網絡社交遊戲或平台，最終要做的事就是吸引用戶的注意力。當我們置身於資訊氾濫的環境而不自知時，會被困在信息的厚繭中：每天不斷地接收繁雜的資訊，擔心自己被時代拋棄；一天不刷手機、不上網，就覺得無所適從，彷彿脱離了整個世界。事實上，<u>我們的注意力正在悄無聲息地被這些資訊佔據、消磨，可支配的時間變得越來越少，有限的精力被大量無用的東西白白耗損。</u>

專注力，成就未來的我

從第二生命形體學專業術語上來説，注意力是視覺、聽覺、嗅覺、觸覺、味覺五大資訊通道對客觀事物的關注能力，是記憶、思維力、想像力、觀察力的準備狀態，也是大腦進行感知、學習和思維等認知活動的基本條件。

李笑來在《財富自由之路》如是説道：「和注意力相比，錢不是最重要的，因為它可以再生；時間也不是最重要，因為它本

質上不屬於你，你只能試着和它做朋友，讓它為你所用；而注意力才是你所擁有最重要的、最寶貴的資源。所以，你必須把最寶貴的注意力全部放在你自己身上。這可能是人生中最有價值的建議——因為最終，你的一切價值，都是由你的注意力產出。」

社會發展到今天，我們享受到互聯網帶來的便捷，同時也無法避免廣告鋪天蓋地的平台。就個人而言，如果你想要做更多的事情，就要學會控制自己的注意力。在一個人的發展過程中，全神貫注、集中意念是至關重要的一件事。不誇張地說，全神貫注的能量猶如放大鏡，能夠聚集太陽的光線，倘若太分散，能量無法集中，我們很難看到奇妙的效應。

不珍惜注意力的人，終其一生都在被收割，很難獲得有價值的產出。正如美國哲學家威廉·詹姆斯（William James）所言：「我所專注的事情組成了我的經歷，而這些經歷就是我。」你專注於甚麼，決定了你擁有的經歷，而你的經歷決定了你的生活，你的生活又決定了你是一個甚樣的人。

當你把注意力放在收發郵件、開會、追劇集、玩遊戲上，用不了幾週或幾個月，你的生活就塞滿你不想要的「經歷」，而你卻渾然不知。待醒悟的時刻，往往已為時過晚，沒有時間和精力再去完成那些對自己有意義的事。

妥善管理注意力

那麼，我們該如何管理注意力呢？這需要從控制外部因素與內部因素兩方面入手。

控制外部因素：降低電子設備或人的干擾

管理注意力，其實就是要對抗分心，並且在一天中盡可能地將時間和精力用在優先事務上。為了減少外部因素的干擾，可以

將不必要的電子設備放遠、關掉郵件接收提醒及網頁推送，隨後才花時間統一處理資訊。與此同時，也要和周圍的人設置一定的「界限」，當我們集中精力處理一件事時，可貼上「請勿打擾」的紙條，或戴上減少雜訊的耳機。

控制內部因素：盡可能避免注意力偏離方向

當電子設備遠離了手邊，辦公區域也貼上「請勿打擾」標籤後，我們就要專注地做一件事，請記住：只打開一個工作視窗，全力以赴地完成這項既定任務，不要同時做多件事。如果在做事的過程中，有瑣碎但重要的事情打擾，可將其迅速記在便條上，這樣做的目的是將它們從大腦中清理出去，避免佔據大腦空間。待處理完既定任務，再來處理這些瑣事。倘若出現分神的情況，一定要立刻把注意力拉回來，讓它重歸正確的軌道。

<u>深度工作是一種能力，奪回對注意力的控制，就是在奪回對人生的掌控權！</u>

如何判斷做事時有沒有全身心地投入？

26 高效、高質素來自「心流」狀態

作為自由工作者，我不太受拖延症困擾，可那段時間卻出現了例外。每天打開電腦第一件事，就是去看評論留言，看其他文章。待真正開始工作時，基本上已經過去一個多小時。這還不算完，工作剛有點頭緒，寫了幾百字，突然又想看看，把一些文章更新到網上平台，然後一個小時又過去了。一天下來，我不知道要打開網頁多少次，時間嗖嗖地就過去了，好像很不夠用，但真正要做的事情，卻被耽誤了。眼看着截稿日期越來越近，積壓的任務量越來越多，我開始煩躁不安，焦慮緊張一股腦兒全來了。

全身投入致最高工作效率

當壓力超過了潛意識能接受的臨界值時，會引發焦慮、抑鬱和無力感，讓我們感覺無法再愉快地工作和生活。工作的熱情降到冰點，堆着的事情就是不想做，可愈是不做，壓力就愈大，形成了惡性循環。

我把工作時間從每天 8 時提前 1 個小時，7 時開始正常工作。坐在電腦前，列出「今天」要完成的任務，在頭腦高效的時間裏，心無旁騖地投入工作，除了查詢相關資料，不玩手機，不開網頁，專注地寫稿。我個人的黃金時間是上午的 8 時半至 11 時半，以及下午 2 時半至 5 時半，這些時間我盡量工作和充電，剩餘的時間可以稍作休息，去看看網頁、處理留言之類。

堅持兩三天以後，我的工作進度明顯有了提升。更令我感到欣喜的是，排除了干擾、全情投入寫稿中，我幾乎進入了「心流」狀態，好幾次落筆之際才發現，已經超額完成了既定任務。我再度深刻地認識到，<u>要使個人的生活品質、工作效率達到最大化和最優化，需要盡可能地讓自己全身心沉迷於自己所做的事情，並連貫順暢地持續下去。</u>如果在工作和學習的過程中未曾體會過「心流」，真的是一種莫大的遺憾。

忘我的「心流」狀態

到底甚麼是「心流」（Flow）？這是積極心理學奠基人米哈里‧契克森‧米哈賴（Mihaly Csikszentmihalyi）提出的經典心理學概念，指的是<u>我們在做某件事情時，那種投入忘我的狀態。</u>仔細回憶一下，你有沒有體驗過他描述的狀態：「你感覺自己完完全全在為這件事情本身而努力，就連自身也因此顯得很遙遠。時光飛逝，你覺得自己的每個動作、想法都如行雲流水一般發生、發展。你覺得自己全神貫注，所有的能力被發揮到極致。」

米哈賴在 2004 年的 TED 演講《心流，幸福的秘訣》中，把人們對於「心流」的感受做了一個歸納，指出 7 個明顯的特徵。

特徵 ❶：完全沉浸，全神貫注自己正在做的事情中。

特徵 ❷：感到喜悅，脫離日常現實，感受到喜悅的狀態。

特徵 ❸：內心清晰，知道接下來該做甚麼，怎樣做得更好。

特徵 ❹：力所能及，自己的技術和能力跟所做的事情完全匹配。

特徵 ❺：寧靜安詳，沒有任何私心雜念，進入忘我的境地。

特徵 ❻：時光飛逝，感受不到時間的存在，任它不知不覺地流逝。

特徵 ❼：內在動力，沉浸在對所做之事的喜愛中，不追問結果。

　　當我把所有的精力放在稿子上時，我會進入「心流」的狀態中，感覺時間已經不存在，周圍也安靜極了，眼睛緊緊地盯着螢幕，唯一看到的是躍然在文檔上的字跡。整個過程很流暢，不會走神，不會停頓，完全一氣呵成。待事情完成後，內心是滿滿的成就感。

　　我很享受這種「心流」體驗，但它總是可遇不可求。如果某一天，我非要強迫自己進入心流狀態，刻意去尋找，反而更不容易進入專注的狀態，甚至會惹得自己焦慮不安，產生挫敗感。後來，我特意針對這方面的問題學習，發現要進入心流狀態，需要以下的前提條件。

條件 1：目標清晰

我們先得清楚自己要做甚麼，有一個具體而明確的目標，才不會讓思想處於游離狀態。有了目標之後，更容易撇開那些與目標無關的資訊，清除雜念，把注意力集中在要做的事情上。

條件 2：即時回饋

人在玩遊戲時很容易進入心流狀態，因為得到了即時回饋：每打完一局遊戲，系統會讓你知道自己是輸是贏，得到怎樣的獎勵，這也是很多人選擇繼續玩下去的重要動力。如果把這種模式轉移到學習和工作中，也能收穫莫大的驅動力，讓自己更好地堅持下去。如在完成既定工作後，可以看喜歡的書和電影，這樣就會形成一種動力。

條件 3：挑戰與技能匹配

當我們的能力不足以完成任務時，會感到焦慮；當我們的能力遠超出任務所需時，就會感到無聊；當我們的能力與任務難度剛好匹配時，有可能產生心流。以我個人來說，在自身的能力水準和接到的任務挑戰都處於中高水準時，更容易進入心流狀態。如果一個選題充滿挑戰，而我自身能力不足，為了打敗焦慮感，我會努力學習和了解內容，提高能力應對挑戰。

優質的生活，不總是物質的享受；高效的工作，不總是延長時間。我們真正追求的，是更高層次的幸福體驗。工作時全情投入，休息時專注於自己喜歡的事，享受真正的愉悅。在探索各種不同可能性的過程中，去發現更多的自己，掌握更多的技能，在必須要做的事情中獲得心流體驗，讓它們最終彙聚成一種掌控感。有了掌控感，我們才不會被生活推着走。

總惦記面面俱到，為何甚麼也得不到？

27 | 分散精力是世界上最大的浪費

　　法國哲學家蜜雪兒‧福柯（Michel Foucault）很早認識到一個事實：「世界上最大的浪費，就是把寶貴的精力無謂地分散在許多事情上。人的時間、能力和資源都是有限的，不可能面面俱到。」然而，很多人並未聽從勸誡，依然沉浸在令人心疼卻又徒勞的「用力」中。

　　他們在思想層面是上進的，從來沒有想過得過且過地混日子。因此，他們每天都不間斷地學習，或聽講座、讀書、看報，或報培訓班。可惜的是，這般「用力」並未換得多麼傲人的成就，他們依舊在迷茫中望着不知明天在哪兒的未來。

　　這樣的「用力」方式在令人心疼之餘，也值得反思：為甚麼整天想着學習和進步，把自己累得一塌糊塗，卻沒有長進呢？反觀有些人，看似沒甚麼特別遠大的志向，就是本分地把事情做好，最後卻取得了不錯的成績。兩者的差距在哪兒？

專注是一種能力，也是一種心態

其實，答案早已給過大家了——<u>強大的力量被分散在諸多方面，也會變得絲毫不起眼；再微弱的能量集中在一起，也能創造意想不到的奇跡。</u>在知識過剩的環境下，如果我們沒有方向和目標，無法將精力聚焦在一個點，所學的東西都是多個領域的常識，這些常識是無法成為個人優勢。如果有了目標和方向，情況就不同了。我們會有選擇性地對知識和資訊進行「過濾」，吸收那些對實現目標有說明的內容。

人的精力是有限的，甚麼都想做的話，往往甚麼都做不好。學得太多、太雜，最後也就落得個凡事都「略知皮毛」的結果。很多時候，<u>決定不做甚麼跟決定做甚麼同樣重要。</u>從 iPhone 4 開始，很多人成了蘋果品牌的忠實粉絲，如果我們認真解讀並研究，就發現一個事實：蘋果的核心不是「創新」，而是「專注」。至於最後的創新，不過是專注到他人難以及到的程度。

喬布斯（Steve Jobs）認為，<u>專注是一種能力，也是一種心態。</u>他說：「擁有專注力將改變你的人生。人們認為專注就是要對自己所專注的東西說 yes，但恰恰相反，專注意味着要對上百個好點子說 no，因為我們要仔細挑選。這就是我的秘訣——專注和簡單。簡單比複雜更難：你必須費盡心思，讓你的思想更單純，讓你的產品更簡單。但是這麼做最後很有價值，因為一旦實現了目標，你就可以撼動大山。」

明確自己的核心目標

　　與我熟識的 J 姐姐，曾建議我加入她的保險團隊，拓展一份副業。期間，有兩位編輯找我約稿，詳談新一年的合作計劃。面對這樣的情形，我考慮再三，最終決定放棄加入 J 姐姐的團隊，專心寫稿子，業餘時間鞏固和學習心理學。

　　人生就是不斷地選擇和放棄。當我意識到，我的精力和體力不足以支撐兩份相隔甚遠的職業時，我果斷選擇了瞄準核心目標，繼續我的寫作和心理學生涯。不然的話，我可能哪一項都做不好，畢竟身體是不會說謊的，心有餘而力不足的痛苦，不是靠意志力就能夠解決的。

　　每個人在生活和工作中都可能會遇到類似的「誘惑」，以至站在選擇的岔路口糾結猶豫。因此，我們需要一個明確的核心目標，最好是一個長期的、能夠發展成事業的目標。在面臨選擇時，如果這個選擇與我們的核心目標相關，可以將其納入計劃列表；如果與核心目標毫無關係，甚至會影響到我們完成核心目標，佔據大部分的精力和體力，就要思量值不值得了。切忌總惦記着面面俱到，那樣的話，往往甚麼也得不到。

星期一早上，你晚起了半小時，沒來得及吃早餐就出門了，但看到最關鍵的巴士開走了。面對這樣的情景，你的第一反應是怎樣？

1. 這一天，可真夠倒楣的！

2. 今天的巴士司機怎麼這麼着急？多停一會兒不行嗎？

3. 完蛋了，又得遲到，又得扣錢！乾脆不回去了！

4. 看看有沒有的士，心想應該來得及。

5. 給老闆發個信息解釋一下，等下一班巴士。

看到這些選項時，多數人可能知道，後兩項是比較妥貼的處理方式。然而，成為當事人的那刻，卻只有極少數人這樣做，多數人的本能反應是前面三個選項。然而，這種思考方式值得警醒，要知道當一個人被負面情緒支配時，他對事物的解釋永遠都是消極，並總能給自己找到沮喪、抱怨的藉口，最終得到消極的結果。緊接着，這種消極的結果會逆向強化消極情緒，成為更消極的人。沉浸在這種自我懷疑、自我設限的狀態中，會讓人陷入思維僵化的牢籠中精疲力竭，徹底喪失信心與希望。

正向思考的人生

　　媒體曾報導過一件事：一位在加拿大的中國留學生在多倫多跳橋自殺，留下一雙未成年的兒女和無助的妻子。這位留學生曾是高考狀元，在國內一所著名高校取得碩士學位，被破格提升為該校最年輕的副教授。後來，他到美國進修，並獲得了核子物理博士學位。

　　他移居到加拿大，本以為美好的生活即將展開，不料卻遲遲找不到合適的工作。他認為可能是學歷資格不夠，接着就在多倫多攻讀第二個博士學位。學成後的他，四處尋找工作，依然無果。萬般無奈之下，他走上了絕路。

　　擁有雙博士學位，在國外生活多年，有深厚的專業知識，他的條件比起那些沒有任何技能、不懂英文的人要強上百倍，可多少後者卻在國外找到了自己的立足之地，而他卻選擇了放棄生命，放棄所有的可能。對此，心理學家分析說 —— 人在出生後，內心猶如一粒種子，蘊含着無限的潛力和可能性，等待着自己挖掘。要發揮這些潛能，就要學會正向思考、保持樂觀的心態。這位擁有雙博士學位的留學生，不是輸給了能力，而是輸給了負向思維。

　　對於同一個問題，換個角度思考，答案會大相徑庭。所以，我們要學會發掘並利用大腦正向思考的技能。那麼，究竟甚麼是正向思考？是不是凡事都往好處想就行了呢？

培養現實的樂觀主義精神

美國暢銷書作家芭芭拉‧艾倫瑞克（Barbara Ehrenreich）在《失控的正向思考中》*(Bright-Sided: How Positive Thinking is Undermining America)* 寫到了自己的一段親身經歷——她最初關注正向思考，是因為自己罹患了乳腺癌。在治療的過程中，她接觸了美國的粉紅絲帶文化。這種文化不允許患者表達悲觀、失望與怨恨的情緒，盲目地鼓勵患者樂觀，並宣稱樂觀可以提高免疫力，治療癌症。更有瘋狂者，將癌症視為一種禮物，因為癌症令他們樂觀起來，積極地面對人生。

其實，盲目的樂觀與正向思考之間，有着很大的差別。盲目的樂觀是不切實際的，是僵化的教條主義，它拒絕了人的自然情感表達，阻礙了人們認清真相、分析現實的路徑。盲目的樂觀給人戴上了一副眼鏡，掩蓋了生活的方方面面，讓人無法面對現實。

就拿罹患癌症來說，對任何人而言這都是一件令人悲傷的事，但是，不去談論它，假裝忘記它，壓抑住情緒、逃避現實，甚至將其視為「禮物」，就能改變事實嗎？這樣的做法對治療疾病、改善情緒有實際的效用嗎？不用多說，我們心裏都知曉答案。

真正的正向思考，是紮根於現實，我們要努力培養的也恰恰是這種現實的樂觀主義精神。例如一個人剛從嚴重的傷病中走出來，他必須面對現實，面對即將到來的未來。他要回歸到日常生活中，了解哪些事情可以做，哪些事情是禁止的，哪些事情是可以慢慢嘗試。說白了，就是既不消極看待，也不盲目樂觀，深刻地認清事實與真相，然後盡己所能地朝着好的方向努力。

那麼，我們如何培養現實的樂觀主義精神呢？

列出清單，創建現實的目標

面對現實的第一項任務，就是認識自我的局限性，知道哪些事情是自己能夠做的，哪些是無法所及，哪些是有可能通過努力獲得的。把這些事情列出一個清單，有助於我們提升樂觀主義的精神，因為清單能夠讓我們直觀地看到許多事情是可控的，即使那些有困難的問題也不意味着完全沒有實現的可能。有了這份清單，就有了現實的目標，知道哪些是該摒棄，哪些是值得花費精力去做。

跳出過去的失誤，立足於當下

人們經常會沉溺於過去的錯誤與失誤中，彷彿自己就是一個「失敗者」，甚麼時候想起來都會感到懊惱。這是一種嚴重損傷精力的反芻思維，也是悲觀消極的負向思維。現實的樂觀主義者怎樣做呢？當一些回憶在腦海中浮現出來，他會告訴自己，這已經是當時的你所能做的最好的選擇。那時候的你，你沒有足夠的資訊，抑或是內心不夠強大，那都不是你的錯，沒必要再為之自責。真正重要的是，從中汲取教訓，在將來做出更好的決定。

凡事要系統看待，了解事實與真相

很多人容易被負面消息干擾，殊不知傳播很廣的資訊未必是事實，有可能只是他人的觀點。每個人的認知都存在局限，因而愈是重大的事件，愈要系統地看待，判斷資訊，了解資訊的來源，認清事實與真相，再思考解決辦法，而不是把精力白白浪費在那些看起來糟糕卻並非事實的問題上。

做最壞的打算，朝着最好的方向努力

很多事情都是正反兩面的，再壞的事情也有積極的一面。所以，處理問題要從好的方面入手思考，但也要盡可能周全地考慮到最壞的情況，並做好應對措施。換句話說，即使知道事態並不樂觀，卻依然能夠採取積極的行動。

資料科學家邁克爾・D・托斯（Michael D. Toth）曾對巴菲特從 1977 年至 2016 年期間，所有致伯克希爾・哈撒韋（Berkshire Hathaway）公司年度股東信的內容做過一個情感分析，結果發現，巴菲特完美地在樂觀主義與現實主義之間做到了平衡。他說：「即使是在一些消極的情緒狀態下，巴菲特也會努力想出解決方案，找到前進的正確道路。當事情進展不盡如人意的時候，他會非常輕鬆和坦誠地承認這點。不管是伯克希爾・哈撒韋公司的業績不佳，還是宏觀的市場不景氣，他都能做到輕鬆地告訴別人這一點。」

享受微小的成功，給自己更多的信任

很多人關注事物的消極面，往往是出於避免為自己的行為承擔責任。如果把事情歸咎於外界的環境或他人，就算做得不夠好、不完美，也不是自己的問題。毫無疑問，這是一種變相的逃避，現實的樂觀主義者不會這樣做，他們承認挫折會發生，也知道事情不總是完美的，但依然會為小小的成功而感到開心，並在積累小成功的過程中提升自信。

總而言之，現實的樂觀主義精神不是盲目的樂觀，也不是毫無畏懼的魯莽，而是認清了事實與真相、評估了現實的挑戰之後，依然秉持勇往直前的決心，並為之採取積極的行動。

為甚麼長時間連續工作，換不來高產量？

29 讓大腦間歇地休息 才能迸發靈感

為甚麼同一個選題，在年初的時候，花了大量的時間和時間，卻依舊一籌莫展；到了年末，只是以嘗試的心態重新拾起，思維卻完全打開？前後的差別，不只在於個人的認知，更重要的是個人的心態與大腦的狀態。

間歇休息後工作，靈感湧現

長時間連續工作並不是高產出的最佳途徑，因為思考需要耗費巨大的精力。別看大腦只佔體重的 2%，但它需要人體 25% 氧氣供給。如果思維得不到足夠的恢復，我們會判斷失誤，降低創造力，甚至無法合理地評估風險。想要思維恢復，間歇性休息是必不可少的。

我重拾選題時，內心是很平和的，身體的狀態也很好。因為在過去的一段時間，我調整了生活與工作的節奏，一切有條不紊，在平穩中前進。所以，對於和精力管理相關的資訊，都會讓我快速地聯想起生活中的細碎經歷，或是萌生出一些感悟，然後順理成章地把這件事情做好。

從事文字、藝術創作、科技研發的人，大都知道「靈感」是多麼重要。只不過，那種突然間給頭腦帶來啟發的感覺，猶如曇花一現。幾乎沒有人會在工作中獲得最佳靈感，反倒是沐浴、躺在床上、跑步、聽音樂、做夢或度假時……會讓人靈機一動，誕

生一些奇思妙想。

即使是達·芬奇（Leonardo da Vinci）那樣富有創造力又高產的藝術家，也需要定期放下工作，在白天裏小憩一下，恢復思維精力。他在創作《最後的晚餐》期間，為了保持穩定的產出，有時會在白天花幾個小時做夢，不管聖母感恩教堂的副院長怎麼催促，他都堅持按照自己的節奏。對於這樣的做法，他在《論繪畫》中給了答案：「時不時離開工作放鬆一下，是個非常好的習慣⋯⋯當你回到工作時，做出的判斷會更加準確，而持續工作會降低你的判斷力。」

一起來進行間歇休息

間歇休息的價值，我們無須贅述了。接下來要思考的問題是：間歇休息該如何進行？有甚麼辦法能夠讓我們在有限的時間裏，更多地迸發出創造性的靈感？

結合自身情況，找對間歇再生的時間

人的精力是一條波動的曲線，有高低之分。許多時間管理的書籍中提到的「黃金時間」概念，與之如出一轍。在精力值處於高點的時候，要用來處理重要的事務，待精力值逐漸滑落至低點，我們感覺很疲憊時，就要通過間歇休息來放鬆一下，讓思維精力再生，重獲靈感。

找到並記住為我們帶來靈感的事情

在平日的生活中，多留意我們做哪些事情時，既感到舒適放鬆，又能萌生出想法與感悟。如果有的話，將其作為靈感獲取源，在間歇休息時不妨做這些事，幫助自己恢復思維精力。就我個人而言，看書、看電影、泡茶，都屬於我的靈感產生機制。

隨時隨地記錄一閃即逝的靈感與想法

很多人都有過「忘記靈感」的遺憾，在做某件事情或看到某情景時，腦子裏靈機一閃冒出了一些想法，但因為沒有及時記錄下來，過後怎麼也想不起來了。因此，我們要養成隨時隨地記錄靈感的習慣，可以準備一本小筆記，或制定一份電子手賬，把所有的靈感都記錄在案。休息的時候，不妨翻看一下，説不定當初的靈感會給現在的我們提供有效的幫助。

工作 25 分鐘＋休息 5 分鐘

現階段，我正在嘗試進行思維調節，讓精力源在獨立分割的時間組下得到緩衝、調整，最大限度地實現全情投入。這個方法很簡單：每工作 25 分鐘後，休息 5 分鐘，一旦中途斷了手上的工作，這個間就視為無效，需要重新開始計時。

休息的 5 分鐘時間，可以離開書桌走動一下，或做些簡單的放鬆運動，這都是很好的休息方法。我平常會利用這幾分鐘時間，給自己倒一杯水，做兩組開合跳，既完成了身體上的鍛煉，又讓大腦得到休息。休息過後，再決定接下來是繼續同一項任務，還是切換另一項活動。這種「工作 25 分鐘＋休息 5 分鐘」的模式，能夠讓我進入一個有規律的工作節奏中，保證一天的平均效率。在完成 4 個工作時間後，可以進行 15-30 分鐘的大休息，這樣有助於我們保持充分旺盛的精力。

總而言之，不要長時間持續地工作，那不是一個好習慣，也無法讓工作變得高效。我們要學會管理精力，在有限的工作時間裏盡可能地實現全情投入，享受心流帶來的優質體驗。在這樣的狀態下，工作才更具創造力，並產生幸福感。

生命中的遺憾，時間真能替我們解決嗎？

正視未完成事件，
減少精力耗損

電影《少年 Pi 的奇幻漂流》有一句經典台詞：「人生到頭來就是不斷放下，遺憾的是，我們來不及好好道別。」我相信，對生活有一定閱歷的人，在看到這句話時，一定是深有感觸的。從事心理諮詢工作後，我也數次跟來訪者探討這一話題，並強烈地感受到，「未完成事件」的遺憾給人帶來的創傷與痛苦。

增加內心的焦慮與痛苦

未完成事件，是完形心理學中的一個概念，它不僅僅指那些沒有完成的事，還包括個體情感需求被壓抑時一種持續的、不被認同的狀態。就心理諮詢工作而言，處理最多的往往是後者，比如一段關係的結束、一個不告而別的人，總是令人難以接受。這種缺憾是持續的，因為我們沒有做好充分的心理準備，對於這種不確定性的發生，會感到猝不及防，很難在短期內接受，繼而引發焦慮和痛苦。

德國心理學家庫爾特‧考夫卡（Kurt Koffka），曾做過這樣的實驗：將受試者隨機分成兩組，同時完成一道有難度的數學題，一組給予 40 分鐘的解題時間，另一組只給 20 分鐘。結果發現，那些已經完成題目的人，在第二天的回訪中很快忘記了題目的內容，而那些沒有充裕的時間完成測試題的受試者，依然能夠清晰地回憶題目的細節。因為在他們心中，那道沒有做完的題，

成了未完成事件，佔據了他們的心理空間，消耗着他們潛在的心理資源，有些人甚至在吃飯時，依然回想並思考這道題。

在生命的歷程中，我們的許多需求會因為各種原因未被滿足，如小時候受到排擠而沒有表達，被他人責備的恐懼沒有被看見，自己喜歡的東西沒有被滿足，相戀很久的人最終離自己而去……為了緩解痛苦，我們通常會通過壓抑、擱置、忽視等方式來獲得心理上的平衡，但在此過程中消耗了大量的心理能量。我們積累的未完成事件愈多，消耗的能量就愈大，也就愈無法聚焦當下，全情投入到該做的事情中，繼而造成全新的未完成事件。

鼓氣勇氣來經歷及面對

很多人喜歡説：「時間是最好的良藥。」事實上，那些未能完成的、令人遺憾的、無法釋懷的東西，時間無法替我們解決。多數人選擇用這樣的方式有意無意地去逃避心中的遺憾，最終的結果卻被「未完成事件」所控制。沒有人能真正逃開它們，只有真正接受心靈深處的那些「未完成事件」，鼓起勇氣重新經歷它們，為每一個結果負責，才可能獲得心靈上的自由。正所謂：「只有到達才能離開，只有滿足才能消退，只有完成才能圓滿。」

有人曾在白紙上畫一段圓弧，結果發現，經過白紙的孩子多半都會很自然地拿起筆補上線段，讓圓弧變成一個完整的圓。更令人驚奇的是，不只是小孩子，就連大猩猩也有這樣的癖好。這些心理學實驗都向我們闡述了一點：人類天生就有把事情做完、讓需求得到完全滿足的傾向。無法滿足的需求，會一直牽引着我們心靈的注意。

在心理諮詢中，未完成的情結一旦形成，通常要藉助宣洩與補償的方式來進行糾正。當事人要增加對此時此刻的覺知，認識並清理那些被壓抑的情緒和需求，繼而獲得人格上的完整。如果

我們在生活、工作和情感中發現了「未完成事件」，可以通過專業的心理諮詢，使潛意識意識化，重建對一些重大問題的認知，從而找到針對性的解決辦法，如寫一封私密信、角色扮演、心理劇等，面對並接納自己的過去，走出「未完成事件」。

　　同時，<u>我們也要避免在當下的生活繼續製造「未完成事件」。</u>在情感上的問題上，我們要及時與對方溝通解決，讓壓抑的情緒得到舒緩；在工作和學習的問題上，我們要杜絕拖延，任何時候都不要抱有「再等一會兒」、「有空再說、明天再做」的想法，該解決的問題、該完成的任務，立刻就去做，一秒也不要推遲。選擇執行後，我們也要一氣呵成，不要磨磨蹭蹭、拖拖拉拉，避免因鬆懈和懶散把既定的任務變成「未完成事件」，消耗寶貴的思想精力與心理能量。

怎樣做事省時省力，又能見成效？

31 集中精力做最關鍵的事情

　　朋友凱文是一家廣告公司的設計部主管，他每天花 6、7 小時琢磨設計方案，還兼顧部門裏的其他事物，經常風塵僕僕地從外面回公司，又急忙地出去，設計部的每件事他都親自參與。他的設計工作也受到很大的影響，經常到最後期限才完成。由於事情太多，很難靜下心思考，他設計出來的方案也不太理想，客戶好幾次表示，他們公司的創意能力不勝從前了。

　　挫敗感湧上了凱文的心頭，甚至有轉行的念頭。眼下的癥結所在，是凱文擔任了主管一職後，沒有及時地轉變角色，並對自己的精力進行重新調配。我提議他嘗試把大部分精力用在最重要的事情上，無關緊要的事交給助理或下屬。

　　兩個月後，凱文的狀態好了很多。他說：「原來每天都忙得腳底板朝天，真正有價值的事沒做出多少。後來，我乾脆把小事、雜事統統下放，果然效率高了很多，又慢慢找回設計的靈感，作品比『趕』出來的那些強太多了！」

「二八法則」的啟示

　　誰能在有限的時間裏，最大限度地減少精力耗損，誰就是贏家。1897 年，意大利經濟學家維爾弗雷多·帕累托（Vilfredo Federico Damaso Pareto）偶然發現了英國人的財富和收益模式：80% 的財富流向了 20% 人群，而 80% 的人卻只擁有 20%

的財富。儘管這個比例不是十分精確，但是大部分的價值比例在這個範圍內有一定的波動。之後，他開始對此進行潛心研究，最後提出了具有普遍適用意義的「二八法則」。

所謂「二八法則」，指的是 80% 的產出源自 20% 的投入；80% 的收穫源自 20% 的努力。在生活和工作中，它帶來的啟示是：<u>要把有限的時間和精力放在最重要的事情上，利用更少的時間做更多的事，</u>即忙到點子上。

回顧生活中的一些問題，想要實現高效能，也得把時間和精力用在最具有「生產力」的地方，不能像老黃牛那樣只知道低頭拉車，不分輕重地蠻幹、苦幹。

專注於有價值的事

你可能也聽過這個測試：假如你面前有一個鐵桶、一堆大石頭、一堆碎石、一堆細沙，還有一盆水，用甚麼樣的方法才能把它們盡可能多地裝進桶裏？很顯然，用不同的方法，裝進去的東西多少是不一樣的。最優的辦法是，先把大石頭放進去，當鐵桶被「裝滿」後，再放碎石，碎石會沿着縫隙落下；而後再把細沙填進去，最後往裏面加水，水就能融進沙子裏。這樣一來，鐵桶裏的每一寸空間都會被充分利用起來。

我們的精力就如同這個鐵桶，要處理的事務就像石頭、碎石、細沙和水。石塊象徵着重要又緊急的任務，碎石象徵着重要但不緊急的事務，細沙象徵着緊急但不重要的事務，水象徵着不重要也不緊急的事務。只有把事務有條理地歸納好，合理分配花費的時間和精力，才能改變混沌無序的窘境。故而，要實現高效能，必須掌握「二八法則」，<u>專注於重要的、有價值的事情，合理分配自己的時間和精力，避免在瑣事上耗損太多。</u>

為甚麼
「知曉生命的意義，方能忍受一切」？
32 深層價值與目標是獨特的精力來源

　　美國「911 事件」，讓原本有 1,000 人的坎托公司失去了 2/3 的員工，公司的 IT 系統和大量資料遭到嚴重的破壞。在人財俱損的處境下，沒有人知道坎托公司能否繼續生存下去。那些倖存的員工，雖然保住了性命，可他們的精神全被震驚、悲痛的情緒包着，心靈遭受了極大的創傷。

　　事情發生幾天後，坎托的董事長宣佈：在接下來的五年裏，把公司利潤的 1/4 全部送給遇難員工的家屬。聽到這個決定後，倖存員工備受鼓舞，開始重新振作起來。因為他們不再只是為了自身的經濟需求而為公司服務，還有一個自身利益之外的目標激勵着他們。然後，這些員工開始每天工作 12-16 個小時，甚至已離職的員工在「911 事件」後，開始主動要求回來。

真正的使命感與目標

　　正如喬安・席拉在《工作生涯》（*The Working Life*）中所闡述的觀點：「如果工作的內容是說明他人、減輕痛苦或改善我們生活的環境，那麼我們會感到幸福。縱使不是，我們也可以努力將工作場所變成傳遞和培養深層價值的土壤。坎托公司的員工就是沿着這一條路，發現了過去從未調動過的情感資源，同情、憐憫、耐心、毫無怨言地忍受艱苦的臨時的工作環境，且這些情感資源也在一點點地幫他們撫平創傷。」

這也印證了一個事實，人的意志經歷來自深層價值取向與超越個人利益的目標。換而言之，<u>只有真正深刻地關心自己所做的事，找到真正的使命感與目標，才可能做到全情投入。</u>相比外部的金錢、社會地位、認同感等外在動機而言，這是一種內在的動力，它來自對事物本身感興趣，且能夠帶來內心的滿足感。羅切斯特大學（University of Rochester）人類動機研究組發現，相比只有單純的外部激勵而言，<u>人一旦擁有了自發產生的內部動機，在做事的時候就會變得更熱情、更自信，更有恆心與創造力。</u>

深層價值是精力來源

在朋友介紹下，我訪問了一位美容業諮詢公司的總裁，她把美容院經營得很出色，同業開始主動向她取經，她也慷慨大方地分享自己的心得。有親戚朋友勸她不要這樣做，擔心她的做法導致公司窘境。對此，她並沒有太在意，她的營業收入一直穩步增長，但這種增長帶給她的喜悅和滿足出現了邊際遞減效應，而傳授學習知識與經營的方法卻帶給她強烈的滿足感和不斷學習的動力。

她深愛這個能夠給人帶來愉悅和幸福的行業，也更願意為這個行業做點事情，幫助更多美容業同行。於是，她將門店事務交由親信打理，又創辦了美容業諮詢管理公司。如果說，過去的她只是想做一番屬於自己的事業；那麼今天的她，已經賦予自己的生命以全新的價值和意義，因為她所做的一切不僅僅是為自己，而是有了一份利他之心。她要帶領自己的企業和員工實行使命——培養高質素的美容業人才，為美容業貢獻力量。

對她而言，這不僅僅是所做之事和身份上的轉變，更重要的是價值系統的轉變。她說：「如果一切只是為了利己，就會把自己的利益視為最重要的東西，而枉顧其他人（客戶）的利益。

因此，才導致美容業行業亂象橫生。再這樣做下去，會越來越辛苦，路也會越走越窄，從業者會變得更加急功近利、情緒暴躁，根本無心做好服務。有了利他之心就不一樣，我們所做的每一件事，初衷都是為了帶給別人幫助，在成就別人的同時，也成就了自己。這兩種模式截然不同，後一種會讓我們越做越有熱情……」

在這位美麗優秀的女性身上，我深刻地理解了馬雲説過的一番話：「生意人是為利益而活着，有錢就賺；商人要把握機會，做到有所為，有所不為；企業家則要以天下、以改變社會為己任。」同時，這也從另一個角度詮釋了，<u>深層價值取向是一種獨特的精力來源。</u>財富、權力、名利等都是促進我們採取行動的動機，但都屬於外部激勵，影響和效用是有限的；唯有找到內心最堅定的價值取向，才能做到全情投入、高效能產出，並源源不斷地創造滿足感。

從利己拓展到利他

我們也許尚未有過創業的經歷，也沒有帶領企業找尋使命和願景的機會，但這並不妨礙我們在生活中理解並運用這一精力法則。比如一位女士有吸煙的習慣，好幾次都下定決心要戒煙，卻都以失敗告終。終於有一天，她開始渴望成為母親，並由此想到了吸煙對孕育孩子的各種不利影響，以及孩子出生後看到自己吸煙的感受……她的內心受到了強烈的觸動，開始了唯一一次不同與以往的戒煙行動。正如尼采所説：「知曉生命的意義，方能忍耐一切。」這就是深層次價值取向帶給她的動力，她所做的一切並不只是為了自己，還有另一個與之息息相關的生命。

就工作這件事來説，也存在深層價值取向的問題。如果我們內心認為，努力工作、做出成績，就是為了贏得老闆的好評，在

公司裏深得器重，那麼一旦有了意外情況 —— 薪水降了，或是工作不被老闆認可，那我們極有可能就會喪失努力工作的意願，被沮喪和怨懟的情緒纏繞。當精力被負面情緒耗損之後，我們的工作表現會大打折扣，從而讓情況越來越糟，陷入惡性循環。

問題的癥結在哪兒呢？很簡單，就是將自身的價值完全交給了外人來評判。如果努力工作的目標只為了取悅老闆，贏得賞識，那麼失望是不可避免的。倘若我們把注意力放在自我成長與精進技能上，那麼就算環境不夠理想，中途遇到了挫折與否定，也依然能夠做到正視問題、解決問題，將一切視為考驗和經歷。堅守自己的價值觀，為了目標而努力，往往能夠給我們以力量，不被怨懟、不安的情緒困擾。

如果沒有使命感與目標，我們很容易迷失在無常的生活風暴中。只有建立深層次的價值取向，讓使命感從負面變成正面、從外部轉向內部、從利己拓展到利他，我們才會獲得更強大、更持久的精力，並獲得更深層次的滿足感。

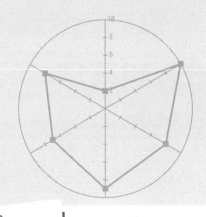

Chapter/06

賦能課

對生命中的一切
說「是」

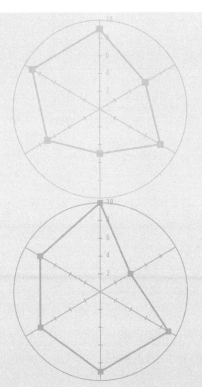

33

為甚麼聰明人向來不選擇欺騙自己？

自我欺騙和否認
都要消耗精力

　　很多人都聽過這句話——人類是自我欺騙大師，總是欺騙自己相信錯誤，卻拒絕相信真相。這不是刻意譏笑，也並非言過其實。像所有的生命系統一樣，人類已經進化出多種機制來抵禦生存與軀體完整性的威脅，心理防禦就是其一。

　　所謂心理防禦，就是為逃避痛苦而向自己撒的謊。通過這樣的方式，我們得以將那些無法接受的想法和感受，排除在意識之外。20 世紀 50 年代，美國社會心理學家利昂・費斯汀格（Leon Festinger）提出了著名的認知失調理論，它就是一種較為隱秘的心理防禦策略。按照費斯汀格的說法，認知失調是指一個人的行為與自己先前一貫的對自我的認知產生分歧，從一個認知推斷出另一個對立的認知時而產生的不舒適感、不愉快的情緒。這裏的「認知」可以是任何一種知識形式，包含看法、情緒、信仰，以及行為等。

耗費精力的「認知失調」

　　我們總希望自己的心理處於平衡狀態中，可生活中總有一些東西是求而不得的，這個時候會出現認知失調。為了重新達到心理平衡的狀態，我們必須想辦法降低目標的誘惑性，或轉移自己的注意力。就像伊索寓言裏那隻到「吃不到葡萄說酸」的狐狸，它本以為自己有能力摘到葡萄，結果卻大失所望。在發現理想與

現實的差距後，它的心理產生了失衡，為了解決這種失衡，它採取了自我安慰的方式：葡萄是酸的，沒摘到也不可惜。

我們對自己撒謊，是因為害怕真相，沒有足夠的心理承受力承認事實，並處理隨之而來的結果。於是，自我欺騙就成了最好的防禦機制。然而，這種方式根本無法解決問題，也無法改變現狀，因為令人不悅的現實並不會因為我們將其擋在意識之外就自行消失。

否認和自我欺騙如同一針麻醉劑，讓我們暫時不必承受真相帶來的痛苦，但它需要我們耗費大量的精力美化自己，為自己的現實行為找各種理由。換句話說，就是要耗費大量的精力克服「認知失調」，即自己認為自己（或事實）是這樣的，然而現實行為折射出的自己（或事實）卻是相反的。

陳小姐剛剛過了 40 歲生日，可她並不願意承認自己的真實年齡，也十分排斥別人跟自己談論這話題。她一直堅信自己看起來是 30 歲，為了突顯「少女感」，她很少買成熟幹練的套裝，而更熱衷於色彩亮麗、款式修身的少女裝，用厚重的粉底掩蓋微小的瑕疵與細紋，就連說話有時還刻意地裝一下「年輕」……她只在意別人看她是否年輕，其他的一概不感興趣。可也正是這件她最在意的事，經常讓她陷入負面情緒的困擾中。

沒有人能阻擋年歲的增加，衰老也是一種自然法則。如果不肯承認這個事實，把時間和精力耗費在自我欺騙與逃避上，完全是徒勞。女人的美不只是一張年輕的臉龐，與其苦苦抓着無法逆轉的年齡不放，不如增加個人涵養、充實內在的才學，好好規劃以後的生活，創造更加豐盈的生命體驗。

自我欺騙與逃避，無法帶我們邁向新的開始，只會讓我們的生活在原地打轉。就算我們不去看、不承認那些事實，事情也不會如我們想像的那樣發展。真正可以解決問題的途徑是承認現實，通過有效的方法，來減少認知失調。

應對「認知失調」的方法

我們以減肥這件事為例：你希望擁有一個健康的身體，保持標準體重，因此開始減肥計劃。然而，當朋友將蛋糕遞給你時，減肥的態度和吃了高熱量食物的行為產生了矛盾，引起了認知失調。我們要如何正確地應對認知失調呢？

方法 1：改變態度

改變自己對戒掉甜品的態度，讓它與你之前的行為保持一致。你可以坦然地告訴自己：我真的很喜歡甜品，我並不想真正地戒掉它。承認事實，告訴自己情況是這樣，不用背負更多的心理壓力；倘若非要忍痛割愛，一旦發生上述的情況，就很容易產生自責、懊悔的情緒，這是很消耗心力的選擇。待你不去抗拒甜品，而是把關注點放在「量」時，你會發現更容易保持少攝入甜品的行為。

方法 2：增加認知

如果兩個認知不一致，可以通過增加更多一致性的認知，來減少失調。比如，甜品能夠給我帶來滿足感，享受甜品的時候，會有一絲幸福流過心間。

方法 3：改變認知的相對重要性

讓一致性的認知變得重要，不一致的認知變得不重要。如享受生活與美食帶來的愉悅與幸福感，培養健康的生活方式，比用強制性的節食來減肥更重要。

方法 4：改變行為

　　讓自己的行為與態度之間不再衝突。比如：我要計算清楚自己的基礎代謝，清晰地記錄所吃的每份食物（包括甜品），保證所攝入的熱量不超過基礎代謝。如果熱量攝入稍高的話，可藉助運動的方式將其消耗掉。

　　當我們不再否認和自我欺騙時，大量的精力就得到了釋放。我們可以利用這些精力完成一些可以看得見的改變，而不再為掩飾和逃避而費心費神，無謂內耗。

34

那些被壓抑的東西，真的會離我們而去嗎？

被壓抑的痛苦會在潛意識層操控我們

明明意識到某些東西，卻不願意承認它的發生，並極力掩飾和否認自己真實的感受，逼迫它們不得不進入潛意識，這是典型的逃避和壓抑。佛洛伊德（Sigmund Freud）認為，壓抑的本質就是在意識中避開某種東西，它可能是某種接受不了的情緒或強烈需求，也可能是現實中我們不願承認的看法。然而，那些被壓抑的東西，真的會離我們而去嗎？

第一次見到來訪者 L 時我有些驚訝——她衣裝得體，禮貌有加，給人一種很有素養的感覺，完全不像有任何心理病。隨着深入的接觸，我逐漸了解她是個心思縝密、考慮周全的人。然而，任何特質過了頭，都可能會引發負面的效應，L 來尋求幫助的原因正是她過於細膩，對甚麼事都感到焦慮。

最初談及婚姻時，L 聲稱自己和丈夫的關係很好。但隨着溝通的深入，她和丈夫的情感問題浮現出來，她說丈夫經常頻繁地提到一點，說她笨手笨腳，總把事情搞砸。作為諮詢師，我看到了她處於無意識的憤怒狀態，這種憤怒是在她早年的成長經歷中積累而來的。

L 的母親是一位中學物理教師，是家庭的權力掌控者，不允許家人對她的決定有異議，或是表達憤怒。她的父親性格懦弱，對母親言聽計從，沒有給她提供情感庇護。在自

己的親密關係中，L無意識地對丈夫積壓了很多憤怒，可是原生家庭從來沒有教她如何化解這些感受，她也就壓抑着對憤怒的感知。

通過諮詢工作，L慢慢意識到，原來丈夫説的「笨手笨腳、把事情搞砸」，讓她重複體驗了與早年相似的情緒感受。她的內心積壓着無法承受和表達的憤怒，而這正是她要慢慢學習如何與之共處的課題。

從意識轉到潛意識

我們為甚麼會壓抑自己原本可以意識到的東西，並逼迫它們不得不進入潛意識呢？

第一，迴避早年給自己帶來過傷害的記憶，不去想那些讓自己感到痛苦的事情，竭力不讓它們浮到意識層面。L女士的情況屬於這一種，她早年在原生家庭裏受到的痛苦太強烈，被她強行壓抑不去觸動，但潛意識裏始終沒有忘記。

第二，與過去形成的道德觀念相衝突，認為一些想法和情緒是可恥的、罪惡的，不敢流露自己的潛在願望。有個男生在青春期時性衝動比較強烈，但從小的家庭教育告訴他，性是一件下流的事，所以男生就把有關性的想法和欲望壓抑了。儘管意識層面在克制，但他見到女生還是會不由自主地往性的方面想，同時又擔心別人發現自己的異常，繼而產生了嚴重的自責、自慚心理，致使不敢和女生正常溝通交往。這種由於認知偏差導致的非理性的壓抑，對這個男生造成了極大的情緒消耗。

第三，為了贏得他人的認可與讚賞，試圖抑制某些自然而來的想法與情緒，不願承認自我真實的一面。我力求在任何情境下，能成為一個性情美好、情緒穩定的人，似乎只有這樣才是美好的。一旦我憤怒了、發脾氣，就萌生負罪感，並為此心神不

寧，怕自己不被喜歡，被人品頭論足。為了減少這樣的情形發生，哪怕我不開心，也會默不作聲，並勸慰自己「想開點」。結果，情況非但沒有變得更好，反而讓自己更難受……經過幾年的自我成長，我已經不再為之糾結了，真實的感受是需要釋放的，性情美好的我與表達生氣不滿的我，只是不同情境之下的我，僅此而已。

壓抑對人體的傷害是巨大的，因為它不只出現一次，而是一個過程，需要不斷地消耗精神能量，以保證被壓抑的東西不再回到意識中去。然而，所有被壓抑的痛苦經驗或衝突，並不會真正消失，也不會真的離我們而去，而是從意識領域轉入到潛意識領域，還經常以另外的形式表現出來，比如夜晚的夢魘、酒後的真言，都是那些被壓抑到潛意識裏的想法或欲望，趁着意識的控制能力較弱時冒出來的現象。

別被潛意識操控你的人生

當意識與潛意識長期處於割裂與衝突狀態，內在的需要始終未被滿足，精神壓力得不到有效的釋放，就會讓我們陷入負面情緒的旋渦，嚴重時甚至會引發心身疾病。瑞士著名心理學家卡爾‧古斯塔夫‧榮格（Carl Gustav Jung）曾説：「潛意識正在操控着你的人生，而你卻誤以為那是命運。」從某種意義上説，我們的人生是被潛意識所決定的，慶幸的是榮格給我們解鎖的答案：「當潛意識被呈現，命運就改寫了。」

那麼，如何讓那些被壓抑到潛意識裏的東西，浮到意識層面呢？

Step❶：覺察給自己造成熟悉「挫敗感」的來源

當對方沒有及時回復消息時，我們感到很憤怒，我們要對這

個憤怒情緒進行追根溯源，深刻地認識它是怎麼來的？背後隱藏着我們怎樣的需求和感受？

Step❷：直接表達自己的感受、情緒和需要

就上述問題而言，可以這樣表達：你沒有及時回我消息，讓我想到了小時候父親不告而別，我很害怕再次被拋棄。這是我自己的人生功課，需要時間慢慢學習，也希望你有事時，可以簡單告知一下，這樣會讓我感到安心，能夠專心、踏實地去做自己的事。

剛開始用這樣的方式來表達，可能會讓我們感到很不適應，畢竟要克服屈辱感不是一件容易之事。但我們要嘗試改變認知，這不是在向對方討甚麼，而是一個成年人在用成熟的方式表達自己的訴求。

Step❸：認清事實與觀點

哲學家伯特蘭‧羅素（Bertrand Russell）說過：「不管你在研究甚麼事物，還是在思考任何觀點，只問你自己，事實是甚麼，以及這些事實所證實的真理是甚麼。永遠不要讓自己被自己所願意相信的，或者認為人們相信了就會對社會更加有益的東西所影響，只是單單地去審視，甚麼才是事實……」這是在提醒我們，要看清楚哪些負面情緒是發生在當下的事情導致的，哪些是過去的創傷導致的，只有區分清楚，才能真正地活在此時此刻，為自己的情緒和行為負起責任。

心理學家湯瑪斯‧摩爾（Thomas Moore）說：「對一個人最好的治療，就是拉近他與真實的距離。」自我成長是一個終身課題，成長不是為了讓別人舒服，而是為了讓自己活得不那麼痛苦，把精力投入在真實、美好的事物上。

35

假裝甚麼也沒發生，真能避開痛苦嗎？

誠實地面對過往
的創傷經歷

　　巴塞爾·范德考克是世界知名的心理創傷治療大師，也是波士頓大學醫學院的精神科教授，在拜讀他的著作《身體從未忘記》（*The Body Keeps the Score*）之後，我對心理創傷有了更加豐富與深刻的理解。他在文中提供了美國疾病預防與控制中心的一項調查研究報告，看得令人揪心──1/5 的美國人在兒童時期遭受過性騷擾；1/4 的人被父母毆打後身體留下傷痕；1/3 的夫妻或情侶有過身體暴力；1/4 的人同有酗酒問題的親戚長大；1/8 的人曾經目睹親被毆打。

　　這些資料背後是一個被創傷包裹着的生命。也許，其中的一些經歷會隨着時間流逝被抹平，但有些創傷卻被「烙」進大腦和身體裏。文中講到一位名叫湯姆的退役軍人，他曾在美國海軍服役時上越南戰場，並在槍林彈雨中倖存了下來。復原後，他像正常的青年一樣結婚生子，事業有成，生活看起來還算不錯。但是，每到美國國慶日，夏季的燥熱、節日的煙火、後院濃密的綠蔭，都會讓他想到當年的越南，並徹底崩潰。僅僅是煙花爆炸的聲音，都會讓他陷入癱軟、恐懼和暴怒之中。他不敢讓年幼的孩子待在自己身邊，因為孩子的吵鬧聲會讓他情緒失控，為此他總是獨自衝出家門，以防止傷害到孩子。他唯一的釋放方式，就是把自己灌醉，開着電單車飛速疾馳。

　　就算不是國慶日，湯姆也無法安然入睡。夢境，經常把他拉回危機四伏的處境，他被可怕的夢魘折磨得不敢入睡，經常整夜

整夜地喝酒。戰爭已經結束多年了，為甚麼湯姆內心的戰爭一直沒有停息？

巴塞爾・範德考克做了這樣的解釋——遇到傷痛後，多數人會極力試圖把這些記憶清除掉，努力表現得像甚麼都沒有發生一樣，繼續生活。然而，大腦並不擅長否認記憶，即使傷痛過去很久，它也會在極其微弱的危險信號刺激下，產生大量的壓力激素，從而引起強烈的負面情緒和生理感受，甚至產生不可控的行為。

不是只有上過戰場、經歷過異常可怕的事情，我們的內心才會留下創傷。那些超越了我們日常生活經驗的、完全擊潰個人正常處理問題的能力的事件，都屬於創傷性事件。比如：成長過程中經常被父母苛責、打罵；無意中目睹一次嚴重的車禍；親人意外離世……這些事件給人們帶來的心理刺激強度過大，超出了承受範圍，而又沒有得到正確的處理，就會讓人體形成創傷性應激障礙（PTSD）。

療癒創傷，釋放能量

創傷性應激障礙對人的身心影響是破壞性的，它讓人無法安心存活於當下，總是一遍遍重新經歷最害怕、最折磨自己的那段歷程，從而出現情緒沮喪、過分敏感、注意力下降等狀況，難以回歸到正常的生活軌道上，對身心的耗損極大。

創傷性應激障礙有三大核心表現，這也是判斷一人是否患有創傷性應激障礙的依據。

強迫反應

在清醒或睡眠時，創傷記憶強行進入腦海，以閃回或噩夢的形式重現當時的事件場景，讓個體不斷地重複體驗當初的情緒和

感受，強烈程度近乎沒有差別。

迴避反應

努力迴避對經歷過的創傷的談話、回憶、詢問，努力不去接觸與之相關的人，不去發生事件的地點，出現「遺忘」事件細節的情況，把原本關心的人和事的情感埋藏起來，與他人保持距離，有強烈的孤獨感，不願參加社會活動。

喚起反應

變得易激惹，容易受到驚嚇，出現緊張、失眠和焦慮的症狀，對小事反應過度，注意力無法集中。

從心理學多角度來説，大部分臨床工作者都認為，創傷性應激障礙的患者應當直面最初的創傷，處理緊張情緒，建立有效的歸因方式來克服這種障礙產生的損害。巴塞爾‧範德考克也曾提出類似的忠告：「我們痛苦的最大來源是自我欺騙，我們需要誠實地面對自己的各種經歷。如果人們不知道自己所知道的，感受不到自己所感受到的，就永遠不能痊癒。」

從治療效果上看，創傷性應激障礙的預防比事後干預更好一些，因為患者一旦選擇性遺忘經歷，事後的干預治療會變得更加困難。相關統計資料顯示，經歷了嚴重車禍並明顯患有創傷性應激障礙風險的病人，在接受了 12 次認知治療後，只有 11% 的人患上了創傷性應激障礙；而那些只收到了自助手冊的人，發病率卻高達 61%。

活在世間，每個人都會面對不如意，遭受難以忍受的苦難，且多數時候也不是我們能夠控制的。神經學家維克多‧弗蘭克爾（Viktor Emil Frankl）在《活出生命的意義》中所説：「在任何特定的環境中，人們還有一種最後的自由，就是選擇自己的態度。」是的，我們可以選擇如何應對苦難，是困在其中，還是勇敢面對、找尋方法治癒，重拾生活的美好？

創傷的確可怕，但更可怕的是往後餘生都被困在創傷之中。**療癒創傷的過程，就是釋放當初積聚在體內的能量，允許自己完成當初未能表達的感受。**當這些能量被順利地釋放出來，我們將如獲新生，更有精力投入此時此刻的生活。

你是真實的你，還是戴着面具的你？

36 經營「人設」會極大地耗損精力

在心理諮詢裏，有被情感和婚姻折磨得苦惱不堪的女性；有學業和生活一塌糊塗的年輕學生；有被孩子的頑皮行徑搞得焦頭爛額的父母……他們有着一個共同探求的核心問題——我到底是甚麼樣的人？我怎樣才能接觸到隱藏在表面行為之下的真正的自己？我怎樣才能真正地成為我自己？

真實自我與理想自我

美國人本主義心理學家卡爾．羅傑斯（Carl Ransom Rogers）認為，每個人的心中都有兩個自我：一個是自我概念，即真實自我；一個是打算成為的自我，即理想自我。如果兩個自我有很大的重合，或是相當接近，人的心理就比較健康；反之，如果兩種自我評價間的差距過大，就會導致焦慮。

如何應對這種焦慮呢？很多人選擇給自己戴上一副「人格面具」，花費大量的精力經營自己的人設。從本質上來說，這也是一種心理防禦，目的在於呈現出一個相對理想和完美的形象，以避免用真實的自我示人。這個理想形象的出現，看似可以補償對真實自我的不滿，但最終的結果卻是，讓我們更加難以面對真實的自己，更加蔑視自己、厭惡自己，因為「人設」把自我過分提高了，現實中的自我根本無法企及。這種情況下，人們就會在理想化自我與真實自我之間痛苦掙扎，在自我欣賞和自我歧視之間

左右徘徊，既迷茫又困惑。

日本綜藝節目《NINO 桑》曾爆料過「網紅」西上真奈美的真實生活，令人唏噓不已。

西上真奈美的職業是模特兒，擁有 20 幾萬粉絲。她在 Instagram 上的「人設」，滿足了無數年輕女性理想自我的模樣，身處於被壓力包裹的時代，誰不希望能在顛簸的生活中找到一處可棲息的角落，活成自己喜歡的樣子，和喜歡的待在一起？只是，這樣的美好畫卷真的可以實現嗎？

節目組在跟拍西上真奈美以後，驚訝地發現，那幅美好的畫卷只是泡沫，她的真實生活並非如此。沙律從頭到尾都只是在拍照，她直言說：「我其實特別討厭蔬菜沙律，只是它看起來色彩繽紛，所以我就點了……」明明只有一個人吃飯，卻偏偏要點兩份，只是為了看起來像和朋友一起出來的。

走進西上真奈美的家，簡直讓人瞠目結舌，髒亂不堪到無處下腳。至於社交平台上的那些美照，不過是把東西撥開，露出來的一個小角落罷了。

經常與西上真奈美一起出現在社交網頁上的好友，並不是她的閨中密友，全是她從街頭隨便拉來的路人。那些看起來熱鬧非凡的聚會，也是她花錢請人來客串的，為的就是維持自己「社交達人」的人設。在現實生活中，西上真奈美根本沒有朋友。

脫下人格面具

這個節目播出後，網絡一片譁然。很多人是無意識地以理想自我示人，是因為早年的成長經歷所致，尚在情理之中；而像西上真奈美這樣，在設計好的角色中去飾演「看起來美好」的人生，完全是自欺欺人。既然是人設，就有崩塌的可能。當這個「理想自我」遭到別人的攻擊時，真實自我就會本能地去維護

那個理想自我的形象，處於無意識的自我防禦中，從而迷失真實自我。

精神學家愛德華‧惠特蒙説：「我們只有滿懷震驚地看到真實的自己，而不是看到我們希望或想像中的自己，才算邁向個人生活現實的第一步。」卡爾‧羅傑斯也説過：「如果我與人接觸時不帶任何掩飾，不企圖矯揉造作地掩蓋自己的本色，我就可以學到許多東西，甚至從別人對我的批評和敵意中也能學到。這時，我也能感到更輕鬆解脫，與人也更加接近。」

飾演理想的自我，戴着人格面具生活，是一件極其耗費心力的事。因為我們不僅要苦心維持那個虛假的理想自我，還要承受真實自我被他人看到的恐懼與擔憂。想要從這個深淵裏解脫出來，就要拆掉所有的防禦，接近自己的本來面目。

直面真實的自我是一種挑戰，卻也是讓我們步履輕盈地生活的唯一途徑。當我們不再需要遮遮掩掩，不再畏懼以真實的自我示人時，大量的精力就得到了釋放，讓我們可以將其集中在能夠改變的事物上，用心去體會充滿情感、有血有肉、起伏變幻的生命過程。

37

遭遇挫折的時候，

為甚麼我們總是譴責自己？

每個人都需要「自我同情」

S是一位媒體作者，文筆出眾，分析問題的視角獨特，廣告商開始聯繫她。不過，S是很有原則的，並非任何廣告都接，在精挑細選後，她推薦了一款檯燈，也賺到了第一筆廣告費。可沒想到，她遭到了不少粉絲的譴責。

S望着那些評論，心裏五味雜陳，她説：「感覺很複雜，有委屈，有憤怒，有焦慮，也有憎惡。」她沒有迴避這些真實的感受，她又補充一句：「還有一點兒愧疚和自責，覺得自己好像做錯了甚麼。似乎我應該安心地寫字，把有價值的想法輸出，不應該和錢扯上任何關係。」

她認為，為知識付費是合情合理的，也認可其他人承接廣告；可當這件事情發生在她自己身上時，她卻開始對自己實行道德綁架，覺得字裏行間透出的那個有生活情緒、思想超脱的自己，有賺錢的欲望是羞恥的。

了解自我同情

生而為人，對金錢有欲望，是罪惡嗎？不，生而為人，這都是再正常不過的需求，就如同餓了想吃東西、渴了想喝水，沒有人會因為這些問題，而指責我們。

我們要敢於正視自己的真實欲望，不讓它被壓抑到潛意識中，影響我們的行為。然而，在對自己保持誠實的同時，也別忘

記給予自己一點自我同情。所謂自我同情，是心理學家克莉絲汀‧內夫提出的一個概念，指人對自我的一種態度導向，在自己遭遇不順時，能理解並接受自己的處境，並用一種友好且充滿善意的方式來看待自我和世界。

以 S 的情況來說，她並沒有做錯甚麼，賺錢的欲望是人之本能，也是生活所需，她需要正視自己的真實欲望，接納它的存在，做到自我同情。

自我同情，通常包含以下三個部分。

不評判

當我們犯了錯誤或失敗時，很容易出現責備自己的情形。有些人會拼命壓抑情緒，認為犯錯後安慰自己是懦弱的表現；也有些人會認為自己很沒用，陷入不能自拔的失落中。

自我同情，可以讓我們用一種「不評判」的態度來對待自己，既不刻意壓抑情緒，也不過分誇大情緒，這能夠幫助我們比較平靜地接納痛苦的想法和情緒。

自我友善

對於他人的錯誤或苦難，我們很容易感同身受，並給予友善，可同樣的問題出現在自己身上，卻成了例外。自我友善，意味着用溫暖包容的態度理解自己的不足與失敗，就像對待陷入困境中的朋友一樣，而不是一味地譴責批評。

共同人性

當人們經歷不幸的時候，往往會覺得自己是這個世界上最倒楣、最不幸的人，似乎這些不幸都是自己的責任。於是，內心就會泛起多重疑問：為甚麼只有我這麼糟糕？為甚麼只有我一無是處？一遍遍的重複，會讓原本就低落的情緒變得更糟。

共同人性，就是在面對不幸的事情時，告訴自己：「生命的

每一刻都會發生數以千計的失誤，很多人都會遇到不幸的事，我並不是唯一的不幸者。」把自己的失敗和痛苦體驗當成是人類普遍經驗的一部分，可以幫助我們不被自己的痛苦所孤立和隔離。

培養自我同情

那麼，我們在日常生活中該如何培養自我同情呢？

及時覺察

回想一下，我們是否經常會對自己說賭氣的話、難聽的話，或是在遇到挫折時懲罰自己？誠然，自我反省和自我批評是成長進步的必經之路，一定的負面想法也可以幫助我們調整自己的行為，但我們說過，不加憐憫的誠實是一種殘酷，帶來的往往是挫敗感。所以，當那些批判和否定自我的念頭冒出來時，我們要及時地覺察，這是改變的開始。

全然接納

當我們覺察到那些胡思亂想、自我批判的念頭時，強迫這些想法停下來是很困難的，它們會不受控制地在我們的腦海裏翻騰。要記住一點，沒有不應該產生的想法，哪怕它們讓我們感到很難受、很痛苦。試着在腦海裏，給所有不安的想法一個棲身之所，讓它們靜靜地待在那裏，允許並接受它們存在。

積極暗示

做到了前兩項之後，試着告訴自己：「這的確是很艱難的時刻，可艱難也是生命的一部分，我已經做到了我所能做的最好的樣子。」這些積極的自我暗示，會讓我們對自己有更好的感受，並獲得面對問題、解決問題與繼續前行的勇氣。

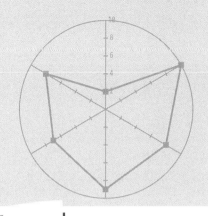

實行極簡，
丟掉煩瑣與煩惱

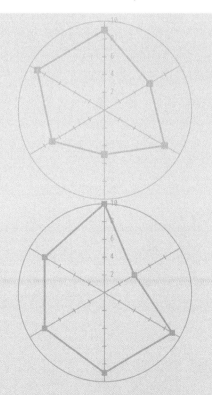

38

每天頻刷手機，你學到了多少東西？

氾濫的資訊會降低大腦的思考力

斯坦福大學的勞倫斯・萊斯格教授（Lawrence Lessig），曾經分享他的一個習慣：每年關掉自己的網絡一個月，打電話的次數盡量減少；平時需要集中精力的時候，也會關閉網絡。

身在互聯網時代，要關閉網絡一個月，著實是需要勇氣的。當然，我們沒有必要完全效仿勞倫斯教授的做法，但對於他這做法的價值和意義，卻值得我們深思。現代人的手機都不少 App，且不說耗費時間的各種遊戲了，僅僅是交友平台軟體，已經讓我們目不暇接。

我記不清有多少次，抱着手機滑動螢幕，完全忘記時間的存在。直到感覺眼睛酸了、脖子痛了，才發覺已過去一個多小時。此刻，大腦一片空白。印象中我是讀了幾篇文章，似乎只是看的那刻認為領悟了，後來那種感悟就徹底煙消雲散，再沒甚麼印象。

意識到這問題後，我選擇關閉交友平台，而且我還卸載了新聞軟體，並總結出心得——少看社會性新聞，是對自我的一種善待！

有次，在看到「30 出頭的女青年身患癌症，晚期時不捨離世，只因內心放不下年幼的孩子……」這樣一條新聞後，我內心瞬間產生一種無力感，誰也不知道明天和意外哪個先來，萬一意外不幸降臨到自己身上，遇到和她一樣處境，我該怎麼辦？

我的思緒瞬間陷入了一片混亂中，所幸後來有工作的事宜要處理，被迫中斷了對這則新聞的反芻。慢慢地，這件事就被我淡忘了，那種無力感、對生活和奮鬥的質疑，也逐漸消散了。我的生活又回歸了往日的軌道，又能體會到那些細碎的美好。

保持大腦的精力

大腦就是這樣的，看見甚麼就處理甚麼，<u>當我們被氾濫的資訊包圍時，大腦的思考能力也會下降，因為有限的精力在逐漸地被耗損。</u>這樣的耗損有意義嗎？仔細想想，完全是無價值的。在資訊爆炸的時代，新聞報導者為了搏人眼球，往往刻意突出有衝擊力的標題，報導一些負面事件。偶爾看一兩則還能消化，當類似的新聞不斷地湧現出來，我們的思維和生活，必然受到影響。

那些真正重要的新聞，只要我們在每天晚上花半小時時間，完全可以收聽到。至於其他的奇聞軼事，可以一天讀 10 條，也可以一天讀 100 條，只要你想，它們隨意都可以出現在眼前。所以，有時候選擇「眼不見為淨」是對的，它能減少直接誘惑。

我們每天的時間有限，大腦的精力有限，專注力也有限，把這些寶貴的東西用在氾濫的資訊上，無疑是最大的浪費。如果我們把每天刷手機的時間，來讀十幾二十頁書，學習一門需要的或喜歡的課程，完成一兩套室內的簡單運動，加起來的收穫也是很大，且能讓自己、讓生活有看得見的改變。

39

為甚麼房間裏雜亂不堪，
會讓人心煩？

物品過多會消耗精神能量

美國心理學家羅伊・鮑邁斯特（Roy Baumeister）提出一個「自我損耗」的理論——儘管你甚麼都沒做，但是每次選擇、糾結、焦慮、分散精力，都是在損耗你的心理能量；每消耗一點心理能量，你的執行能力和意志力都會下降。看看下面這些情景，有沒有讓你瞥見一絲自己的生活寫照？

- 約朋友逛家居商場，逛了大半天下來，只買了兩個小物件，卻感覺無比疲憊。
- 辦公桌上堆積了大量的資料，每天正式工作前，都要花點時間整理，有時甚至為了找一份重要的合約翻了半天。
- 小時候家裏的生活條件不太好，長大後有了經濟能力，不斷地為自己添置物品，總覺得這是對自己的犒勞與善待。買的那一刻很滿足，但四處堆滿東西，偶爾一兩天沒收拾，家中就亂得連下腳的地方都沒有。

靜下心來仔細想想，我們會發現，生活中許多細碎的事物，對精力的耗損其實是巨大的。

精簡的生活

為甚麼逛街會讓人疲憊不堪？為甚麼物品多了會讓人心生煩亂？原因就是——擁有物品，就等於把能量耗費在物品上！逛街買東西要挑選，衣服多了要選擇，選擇就要做決策，做決策就要

消耗精力；物品多了需要整理，整理的時間和精力與物品的數量成正比。

　　為甚麼 Facebook 創始人馬克‧朱克伯格（Mark Zuckerberg）衣櫥中除了數件同款式的淺灰色 T 恤和深灰色連帽衫，再無其他衣物？就是因為在需要的時候，隨便拿一件就行了，不用糾結。他說：「每天早上起來，都有超過十億人在等着我服務，我不想把時間浪費在那些無意義的事情上。在生活中，我總是盡量簡單些，少做選擇。」

　　我們的時間是有限的，一天只有 24 小時；我們的精力也是有限的，每日的黃金時段也不過幾個小時。然而，我們必須要去做的那些事情，如吃飯、睡覺、工作、收拾家務，卻是一樣都不能省略的。在此之餘，我們可能還有一些小小的個人願望，希望能在忙碌之餘，好好地讀一本書、看一場電影、做一些有益身心的運動……做這些事情的時間和精力，要從哪兒來呢？

　　我們沒有辦法拉長一天的時間，也沒有能力讓自己變成精力無限的「超人」，但我們可以選擇做這樣一件事——精簡不必要的物品，把時間和精力留給重要的人和事。假如每天早上只需要 5 分鐘時間，就能解決上班穿甚麼的問題，就可以把節省出的 15 分鐘做一套啞鈴訓練；假如家裏的物品減少一半，就可以把週末收拾它們的時間節省下來，認真地讀一本書。

　　物品的存在，應是為了提高生活的品質，這是「本」；因過多的物品，耗費掉了本可以用來創造和享受生活的資源，這是「末」。捨本逐末的選擇，得不償失。減少身邊的東西，騰出時間、空間和精力給更有益的人事物，我們會活得更從容，精神上也更豐富。

40

捨不得扔東西，還談甚麼生活品質？

重整身心，
丟棄無用的雜物

　　朋友帶給我一本珍貴的絕版書，名叫《丟棄的藝術》，作者辰巳渚闡述了捨棄的重要性。它改變過許多人的生活，包括撰寫暢銷書《超級整理術》的作者泉正人。

　　泉正人決定實行「丟棄的藝術」，他按照書中介紹的方法，回到家後立刻走進自己的房間進行整理。幾小時後，他從房間裏走出來，拎着整整 8 個垃圾袋，裏面有不再穿的衣服、小學的課本、兒童時代的玩具、各種橡皮和貼紙等等。

　　整理完這一切之後，泉正人坐在垃圾堆旁邊，陷入了沉思中：以前我為甚麼沒有意識到家裏有那麼多沒用的東西呢？最讓泉正人震撼的還不止於此。當他把所有的垃圾都搬走後，房間裏頓時換了模樣，連他自己都不認識了。

　　原來被物品佔據的部位，露出了從未見過的地板，看上去豁亮很多，像是別人的房間。屋子裏的空氣似乎也變得輕盈了，泉正人體會到了前所未有的輕鬆。這樣的變化帶給泉正人的影響是終生的。從那天開始，泉正人明白了整理的重要性。

　　泉正人回憶説：「其實，我不是一個擅長整理的人，我是那種能不整理就不整理的人。話雖如此，可我也認識到了整理的重要性。我吃過那樣的虧，比如因為沒有及時整理，導致一項工作不得不重複去做，浪費了時間；或是丟失了重要的票據，喪失了客戶的信任等等。我個人的經驗是，如果不及時整理，工作效率會下降，有時不得不花費很長時間找檔案或票據，或是重複同樣

的工作。這些時候，我的大腦也是混亂的，分不清工作的輕重緩急，可只要及時進行了整理，工作就會變得特別順利。總之，我整理不是單純為了環境整潔，而是為了提高工作效率。」

丟掉產生負面情緒的東西

美國作家布魯克斯‧帕瑪說過：「垃圾或雜物，包括你保留的但對你不再有用的東西。這些東西可能是損壞了的，也可能是嶄新的，無論如何，它們都已經失去了價值，所以成了垃圾。這些東西一無是處，當然不能提高你的生活品質。相反，它們是優良生活的牽絆，是煥發生機的阻礙，也是你必須清除掉的絆腳石。」

丟掉無用的雜物，不僅僅是一項清潔工作，更是<u>打破固有的生活模式和習慣性思維，為自己所處的環境及身心，做一次徹底的清除，</u>突顯更重要的、更有價值的東西，讓我們把有限的時間和精力投入這些事物上，換來高效、高質的人生。

那麼，到底哪些東西需要我們即刻實行「丟棄的藝術」呢？

擱置不用的物品

近一兩年內沒有再使用過的東西，且沒有預定要使用的東西，再次被使用的概率就很低了。最常見的就是化妝品、衣服等，要麼過了保質期，要麼已經不再適合當下的自己，與其讓它們佔據生活空間，不如及時清退。

待修理的物品

那些老舊的、壞掉的家用電器、手錶、玩具、廚房用品等，如果它們無法奇蹟般地自行復原；或是即使花費不少的時間精力能夠修理好，但也不太好用，乾脆扔掉吧！

傷感情的物品

　　《丟掉 50 樣東西，找回 100 分人生》的作者蓋爾·布蘭克（Gail Blanke）說：「如果有些東西讓你心情沉重或感覺不好，讓你覺得疲倦，或讓你在生活和工作上無法更進一步，它就得離開。我們應該以『它讓我感覺如何』為標準，仔細檢查周遭的每一樣用品。」

　　保留讓自己產生負面情緒的東西，只會讓我們無法脫離過去的牽絆。這些東西會影響我們的情緒，阻礙我們走向新的人生，所以直接丟棄即可。

　　扔掉讓自己產生負面情緒的東西，遠離牽絆自己前行的事物，脫離對物品的執念，我們才有更多時間和精力輕裝上陣，重建內心的秩序，擁有款待自己的空間，更好地掌控生活。

41

過度關注別人，你的生活重心在哪兒？
把精力用在對自己
有益之處

　　鄰居 YOYO 是個全職媽媽，後來我發現她太喜歡關注別人，並習慣拿這些事作為聊天的話題。哪位鄰居家發生點甚麼事，YOYO 總要拿出來說一說，並對事件的主人公進行各種道德評判；看到周圍人給孩子報了甚麼課程，她也要跟着去報，生怕自己的孩子輸在起跑線上。

　　大約是性格和工作使然，我不太喜歡說話，也不太愛湊熱鬧。人多了，聽到的資訊多了，我就會覺得大腦比較亂，很難一下子靜下心來寫東西。我需要避免不必要的干擾，保持自己的節奏。畢竟，寫字是一件很耗費心力的事，能完成既定的任務就讓我覺得比較辛苦了，至於鄰居的事，我真的無心也無力關注。

別虛耗自己的能量

　　一位作家在演講節目中，談到這樣一件事：有幾年的時間，他一直在尋訪世界古文明遺址，在即將走完的時候，一位傳媒公司的總裁對他說：「最後一站，我陪你走吧！」

　　在尋訪古遺址期間，由於客觀條件的限制，作家無法看電視和報紙，根本不知道這幾年世界發生的變化，藉助這個機會，他也希望這位總裁給自己補補課。沒想到，這位總裁只用了不到 10 分鐘時間，就把這幾年世界上發生的事情講完。

作家覺得很詫異，不敢相信就只有這些，但對方告知，就只有這些。接着，作家又讓他講一講中國在這幾年裏發生的事，結果對方只用了 5 分鐘就説完了。傳媒總裁看到作家的臉上流露出失落的神情，補充了一句説：「絕大部分的事情發生後的第二天，我就連再講一遍的興致都沒有了。」聽完這句話，作家瞬間釋然了，並在心裏暗自慶幸：「我這幾年不管不顧，看來並沒有損失甚麼。專注於喜歡的事情，反倒收穫了不少的快樂。」

關注任何一樣東西，都要消耗精力和時間。<u>過度關注別人的生活，就是在虛耗自己的能量。</u>

一個人成熟的標誌之一，就是明白每天發生在我們身邊的 99% 的事情，對於我們和別人而言，都是毫無意義的。那些既不重要也不緊急的事、那些與我們毫無關係的人，根本不值得我們去耗費寶貴的精力。把關注點回歸到自己身上，把大部分的時間和精力傾注在 1% 的美好的人和事上，才能收穫一個屬於自己的、高性價比的人生。

42

你苦心維繫的朋友，
有多少是真心的？

無效社交是對時間的浪費

　　有一次，朋友 M 在活動偶然結識了一位雜誌圈的「大人物」，交流甚歡，還相互留了電話。不久，M 因工作問題被公司辭退，他沒有反思自己到底錯在哪兒，反而聯繫那位「大人物」，希冀着對方能給他一個更好的工作機會。發了信息，人家沒回；打電話過去，人家說「沒空」。

　　認識到投靠「大人物」無望的事實後，強烈的挫敗感湧上了 M 的心頭。

認識深度交流的朋友

　　也許，在 M 的認知中，那位「大人物」是很有價值的人脈；可在那位「大人物」的認知中，M 卻屬於「無效社交」，甚至是一個早已被遺忘的過客。人脈有價值是毋庸置疑的，但這個價值是有前提條件的，即你自身也是有價值的。換句話説，你自己不夠優秀、沒有價值，認識再優秀、再有價值的人也沒用；只有等價的交換，才能得到合理的幫助。

　　這聽起來似乎有點殘酷，卻是一個不爭的事實。沒有人願意把時間和精力用在無效社交上，即無法給自己的精神、情感、工作、生活帶來任何進步的社交活動。當無效社交佔據了過多的精力時，我們不僅無法從中獲得內在的滋養，還可能引發情緒上的厭煩或是行為上的頹廢，陷入人脈倒退的陷阱，讓真正需要並值

得維護的人脈被忽視。

社會學家曾經做過一項研究：人的一生中，同時交往的朋友數極限，分別是 10 個、30 個和 60 個。也就是說，我們一生中真正的朋友不會超過 10 個。聽起來似乎少得可憐，但這些人卻是能夠在我們身陷困圍時不離不棄、伸手相救的人；另外的 30 個，是時不時會聯繫的朋友，偶爾一通電話、幾條消息，知道彼此過得怎麼樣就夠了；最後的 60 個，是關係最淡的朋友，因為某種機緣巧合相識，對彼此有印象，僅限於此。

說白了，會對我們不離不棄的真朋友，完全是「限量版」的。與其花費大量時間追逐社交，<u>不如認真對待這些值得的人，再把剩餘的精力用來提升自我</u>。當我們學會了向內求，把自身的特長發揮到極致時，自然會吸引到有同等價值的人。

最後，我們來總結一下，哪些社交屬於無效？

無效社交 1：對生活和工作毫無益處的社交

這種社交就是純粹的湊熱鬧，為了社交而社交。一群陌生的人在一起聚餐，其實彼此都不了解，也不太可能對未來的工作和生活產生甚麼幫助。這樣的社交，投入再多也沒甚麼回報，只是打發時間而已。

無效社交 2：會給我們帶來負面的能量的社交

遠離負能量爆棚的人，真的是對自己的一種保護。這種社交會在無形中吞噬我們的精力和正能量，它們的存在就像是遮擋陽光的烏雲。如果我們總是抱著聖母心態，認為自己真的能夠幫到對方，最後的結果很可能是被他們消耗殆盡。

無效社交 3：帶有「情分」綁架意味的社交

被迫參加而又不具實際意義的活動，也屬於無效社交。比如形式上的同學聚會，多年不見，也沒甚麼感情，只是出於難為情才勉強同意；關係不是很親密，卻打着朋友的名義，邀你一起吃喝的「朋友」聚會。此類社交，就是被綁架在了「情分」上，無端地浪費自己的時間，沒有任何實際的意義。

無效社交 4：流於形式的「點讚」之交

存在於手機裏的「朋友」，看似都是認識的，並錯誤地將其視為人脈，每天花費不少時間關注他們的動態。其實，這些都是無效的社交，畢竟沒有真情實感。很多時候，如果存在利益價值，還會彼此保留一個名錄；一旦利益沒有了，就只是一個空洞的符號。

仔細回想一下，我們身邊是不是有很多類似的無效社交？與其為了這些流於形式的無效社交浪費時間，不如去跟真正的朋友進行一次深度的交流，討論志向，分享知識，傾聽心聲，無論哪一種，都是在對情感精力進行有效的補充。

43

為甚麼説「拒絕」
是一種稀缺的能力？

合理地拒絕是給人生減負

五年前。

老闆臨時交代一項加急任務，連續兩週沒休息的小薇，承接了這個項目。在連加了三天班後，她總算把設計圖趕了出來。剛想着能鬆口氣，過個舒服的週末，沒想到朋友來電話，讓她幫忙寫一份總結。小薇真心不想動，可朋友難得開一次口，還提前訂好了餐廳，小薇實在不好意思拒絕，就趁午休的時間幫忙寫了一份。

雖然寫總結不算太辛苦，但吃飯、聊天、往返路程，也很耗費體力和精力。然而，想起朋友看到那份總結後拍手叫絕的樣子，她心裏還是挺欣慰的。起碼，她覺得自己在朋友那裏還是有價值的，也沒白忙活。

五年後。

遠道而來的大學同學，來到小薇所在的城市，邀請她一起吃飯，並告知明天一早就要離開。小薇剛剛從外地出差回來，很想在家陪伴孩子。她沒有礙於面子去赴約，而是把事情一五一十地告訴同學：「我剛出差回來，這幾天沒在家，孩子一直鬧情緒，實在不方便赴約。很感謝你的邀請，下次有機會，再聚好嗎？」

順應心聲，適當拒絕

從處理問題的層面上講，兩者的差別在於——面對別人的請求時，一個是抹不開面子委曲求全，另一個是結合自我需求適當拒絕。看似就是一兩句話的不同，可獲取的內心感受與精神狀態卻是大相徑庭的，生活品質也有天壤之別。

盲目地接受他人的要求，不考慮自身的情況，就如同自我的世界被他人的意志佔滿，會給我們的生活和工作造成極大的壓力，讓我們的身心持續處在緊張和疲勞的狀態下，既得不到協助，又無法完全擺脫，只能拼命壓榨自己的時間和精力，激發更多的能量來兌現承諾。

人是無法欺騙自己的，違心地選擇了接受，內心的不情願不會放過我們，它會不時地攪亂我們的安寧，讓我們不開心。內心的負面情緒不斷積壓、蔓延，就會成為一種「傳染源」，讓身邊的每個人都察覺到異樣。當你把消極的語氣、情緒和表情傳遞給他人時，也間接地讓他們接收了你的訊號，將其回饋到你身上，從而在人際關係方面進一步造成精力損耗。

沒有誰是不知疲倦的機器，是否接受他人的請求，要對自身的情況進行分析與衡量。我們並非聖人，更不是超人，做任何事都不可能維護所有人的利益、照顧所有人的感受，<u>對於不合理的、無能為力的請求，要順應自己的心聲，尊重自己內心的情感，堅持自己的立場</u>，對不想要、不需要的人和事說，避免被違心應承下來的負擔壓得透不過氣。

很多人害怕，拒絕別人會給對方造成傷害，其實這種擔憂大可不必。

學會說「不」

我成為自由工作者之初，為了多建立一些合作關係，但凡有約稿，我都不敢輕易拒絕，總擔心這次沒有跟對方合作，今後就失去了合作的可能。結果，積壓的工作多了，我每天花在工作上的時間大約有 14 個小時，晚上躺在床上的那刻，腦子都是脹痛的。

這樣的狀態持續了兩三年，我的身體嚴重透支，變得鬱鬱寡歡。我必須對工作方式進行調整，從減少工作量開始，剩餘的時間用來增補精力，看電影、看書，到戶外散步、慢跑。對於編輯的約稿，我會根據自己的實際情況有選擇性地接受，不太感興趣的、不太擅長的，都予以婉拒。

拒絕的結果，並沒有我想像中那麼糟糕。那些沒有達成合作的編輯，沒有質疑我的能力，而是期待下一次的合作。我的做法，也得到了不少編輯的稱讚與欣賞，認為我是一個對自己、對他人、對工作都很負責的人，拒絕是為了保證自己有充沛的精力，也是為了保證作品有好的品質，不為眼前的利益而迷失，這樣的夥伴是值得長久合作的。

卓別林提醒我們：「學會說『不』吧，那樣你的生活將會好過得多。」我是這句話的真實受益者，學會拒絕以後，我的日子好過多了！往後餘生，那些讓我們勉為其難的事情，不用再糾結，清清爽爽地跟它們告別吧！

精力
管理

教你 24 小時頭腦清晰的
高效工作法

著者
曹敬

責任編輯
簡詠怡

裝幀設計
鍾啟善

排版
楊詠雯、辛紅梅

出版者
萬里機構出版有限公司
香港北角英皇道 499 號北角工業大廈 20 樓
電話：2564 7511　　傳真：2565 5539
電郵：info@wanlibk.com
網址：http://www.wanlibk.com
　　　http://www.facebook.com/wanlibk

發行者
香港聯合書刊物流有限公司
香港荃灣德士古道 220-248 號荃灣工業中心 16 樓
電話：2150 2100　　傳真：2407 3062
電郵：info@suplogistics.com.hk
網址：http://www.suplogistics.com.hk

承印者
美雅印刷製本有限公司
香港觀塘榮業街 6 號海濱工業大廈 4 樓 A 室

出版日期
二〇二一年十月第一次印刷

規格
特 32 開（213 mm × 150 mm）

原書名：精力管理：與其管理時間，不如提升精力
作者：曹敬
Copyright © China Textile & Apparel Press
本書由中國紡織出版社有限公司授權出版，發行中文繁體字版版權。